大数据管理与应用
新形态精品教材

U0740097

Web
程序设计

微课版

文小森 刘鹏◎主编

郭文霞 韩玉会 续晓飞 靳强◎副主编

人民邮电出版社
北京

图书在版编目（CIP）数据

Web 程序设计：微课版 / 文小森，刘鹏主编.
北京：人民邮电出版社，2025. -- （大数据管理与应用
新形态精品教材）. -- ISBN 978-7-115-67119-6

Ⅰ. TP393.092.2

中国国家版本馆 CIP 数据核字第 20257B3N38 号

内 容 提 要

本书详尽、全面地阐述 Web 程序开发的相关知识。全书共 9 章，内容涵盖 Web 应用程序概述、Web 开发环境搭建、PHP 基础语法、流程控制语句、Web 数组应用、Web 函数应用、PHP 与 Web 页面交互、PHP 与 MySQL 数据库协同工作，以及基于 PHP+MySQL 的留言系统的设计与实现。本书布局严谨，理论知识与实例操作紧密结合，有助于读者更好地理解和掌握知识，实现学以致用。

本书配有 PPT 课件、教学大纲、电子教案、源代码、数据文件、课后习题答案、实训参考答案等教学资源，用书老师可在人邮教育社区免费下载使用。

本书可作为高等院校计算机类、电子商务类等专业相关课程的教材，也可作为网站开发爱好者和 PHP 研究人员的参考书。

◆ 主　编　文小森　刘　鹏

　　副主编　郭文霞　韩玉会　续晓飞　靳　强

　　责任编辑　王　迎

　　责任印制　陈　犇

◆ 人民邮电出版社出版发行　　北京市丰台区成寿寺路 11 号

　邮编　100164　　电子邮件　315@ptpress.com.cn

　网址　https://www.ptpress.com.cn

　三河市中晟雅豪印务有限公司印刷

◆ 开本：787×1092　1/16

　印张：12　　　　　　　　　　　　2025 年 7 月第 1 版

　字数：253 千字　　　　　　　　　 2025 年 7 月河北第 1 次印刷

定价：49.80 元

读者服务热线：(010) 81055256　印装质量热线：(010) 81055316

反盗版热线：(010) 81055315

PHP 作为一种广泛应用于 Web 开发的服务器端脚本语言，以简洁、高效和易于学习的特性，深受广大开发者青睐。本书旨在帮助读者系统地学习 PHP 编程，熟练掌握 Web 开发的核心技术，为开展相关工作奠定坚实基础。

本书从基础知识入手，循序渐进，使读者逐步掌握 PHP 编程各个层面的知识，包括 PHP 的基本语法、数据类型、函数、条件语句、循环语句等基础知识，以及运用 PHP 进行 Web 页面开发和数据库操作的方法。

本书具有以下特点。

1. 系统全面：本书涵盖 PHP 编程的各个领域，从基础知识至高级技术，内容全面且系统。

2. 实例丰富：通过众多实例，本书展示了 PHP 编程在实际应用中的操作，助力读者更好地理解和掌握相关知识。

3. 注重实践：本书强调实践环节，鼓励读者动手操作，以实践为基础，提升编程水平。

4. 易于学习：本书采用简洁明了的语言，让读者能够轻松阅读和理解，迅速掌握 PHP 编程的核心技术。

5. 资源丰富：本书提供 PPT 课件、教学大纲、电子教案、源代码、数据文件、课后习题答案、实训参考答案等教学资源，助力老师教学。

本书作为教材使用时，建议理论教学安排 48 学时，实践教学安排 24 学时。主要内容和学时安排如下表所示，教师可根据实际情况进行调整。

章	主要内容	学时安排	
		理论	实践
第 1 章　Web 应用程序概述	Web 应用程序概念及工作原理、HTML 概述、PHP 介绍	4	2

续表

章	主要内容	学时安排	
		理论	实践
第 2 章　Web 开发环境搭建	Web 开发环境的搭建及 PHP 四大目录解析	2	2
第 3 章　PHP 基础语法	PHP 标记、文件引用、PHP 常量与变量、运算符与表达式	4	2
第 4 章　流程控制语句	条件控制语句、循环控制语句和循环中断语句	8	4
第 5 章　Web 数组应用	数组概述、数组遍历及数组操作	4	2
第 6 章　Web 函数应用	函数的定义与调用、PHP 常用内置函数、函数的嵌套与递归	4	2
第 7 章　PHP 与 Web 页面交互	用户数据采集、正则表达式	4	2
第 8 章　PHP 与 MySQL 数据库协同工作	MySQL 数据库知识、PHP 访问 MySQL 数据库、构建互动网页	8	4
第 9 章　基于 PHP+MySQL 的留言系统的设计与实现	简单留言系统实现	10	4

　　本书由文小森、刘鹏任主编，郭文霞、韩玉会、续晓飞、靳强任副主编。其中文小森编写第 1～3 章，刘鹏编写第 4～5 章、郭文霞编写第 6～7 章，韩玉会编写第 8 章，刘鹏、续晓飞、靳强共同编写第 9 章，杜永红、史高峰、方璘、何媛等参与实例编写。文小森负责统稿，秦效宏、杜永红负责审核全文，在此对所有提供帮助的同志（包括参考资料编者）表示感谢。

　　由于编者水平有限，书中难免存在欠妥之处，因此，编者由衷希望广大读者朋友和专家学者能够拨冗提出宝贵的修改建议，修改建议可直接反馈至编者的电子邮箱：1355098209@qq.com。

编　者

1

第 1 章 Web 应用程序概述

在互联网技术高速迭代的数字化时代，网站作为信息交互的核心载体，已逐步演化为具备复杂业务逻辑与用户交互能力的 Web 应用程序。从技术架构角度而言，现代 Web 应用由一系列协同工作的页面单元构成，这些页面依据数据处理模式与呈现方式的差异，可划分为静态页面与动态页面两大类型。

静态页面作为 Web 应用的基础组成部分，主要通过 HTML（Hypertext Markup Language）构建页面结构，利用 CSS（Cascading Style Sheets）实现视觉样式设计，并借助 JavaScript 脚本语言增强页面交互体验。XML（eXtensible Markup Language）作为数据交换的标准格式，在特定场景下为静态资源提供结构化数据支持。

动态页面则依赖服务器端脚本语言实现业务逻辑处理与数据动态渲染。主流技术栈包括 Java 生态的 JSP（Java Server Pages）、微软平台的 ASP（Active Server Pages）以及开源社区驱动的 PHP（Hypertext Preprocessor）。其中，PHP 以其开源特性、语法简洁性、跨平台兼容性及低成本运维优势，在 Web 开发领域占据重要地位。

【本章知识结构】

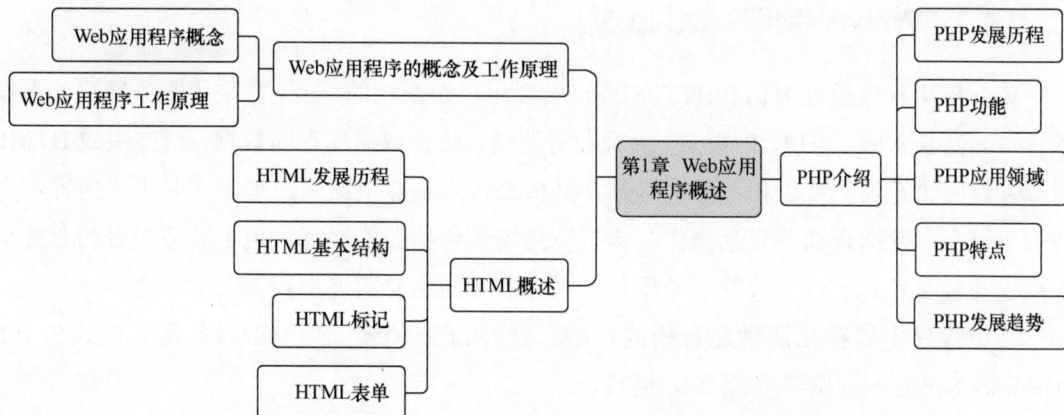

```
Web应用程序概念 ─┐
                 ├─ Web应用程序的概念及工作原理 ─┐
Web应用程序工作原理 ─┘                            │
                                                  │
HTML发展历程 ─┐                                   ├─ 第1章 Web应用 ── PHP介绍 ─┬─ PHP发展历程
              │                                   │     程序概述              │
HTML基本结构 ─┤                                   │                           ├─ PHP功能
              ├─ HTML概述 ────────────────────────┘                           │
HTML标记 ─────┤                                                               ├─ PHP应用领域
              │                                                               │
HTML表单 ─────┘                                                               ├─ PHP特点
                                                                              │
                                                                              └─ PHP发展趋势
```

1

【本章学习目标】

1. 了解 Web 应用程序的概念与工作原理。
2. 掌握 HTML 的基本语法。
3. 了解 PHP 的应用领域。
4. 了解 PHP 的发展趋势。

1.1 Web 应用程序的概念及工作原理

随着网络技术的不断发展，网站设计开发和应用更加智能化、个性化，社交网络成为人们交流的主要方式，信息传播更加精准、高效。传统的桌面应用程序正逐步向网络环境迁移，并通过 Web 应用程序来完成。例如，在线学习系统可以让学生随时随地访问学习资源，提高学习效率；在线考试系统能够自动化管理考试流程，减少人为干预；智能测评系统可以根据用户的行为和反馈，提供个性化的建议和反馈。

Web 3.0 时代下的网站和应用程序，不仅体现了技术的创新和发展，更在推动人们开展深度交流、更好地学习和工作等方面发挥着越来越重要的作用。随着技术的不断进步，未来的网站和应用程序将更加智能化、个性化，为人们提供更加便捷、高效的服务。

1.1.1 Web 应用程序概念

万维网（World Wide Web，简称 Web）是互联网的一项核心技术，具有广泛的应用范围。所谓 Web 应用程序，是指那些专为 Web 环境而设计的应用程序，不仅可以在互联网中运行，还可以在企业内部网（intranet）和企业外部网（extranet）等网络环境中顺利运行。然而，鉴于 Web 应用程序在互联网上展现出的更广泛的应用优势和更强的公众可见性，人们通常将其特指为互联网上的应用程序。这一术语的使用旨在更精准地描述和定位在互联网环境下运行的应用程序。

1.1.2 Web 应用程序工作原理

Web 应用程序通过 HTTP/HTTPS 协议实现用户与系统的交互。它采用服务器端动态技术（如 Java Servlet、PHP、Python）处理业务逻辑，结合数据库存储数据，动态生成 HTML 内容并返回浏览器呈现。相比静态网站，其核心特点是能根据用户请求实时生成内容，支持表单提交、数据查询等交互操作。典型应用场景包括在线银行、电子商务平台的业务交互，以及各类信息管理系统等，是现代互联网服务的主要实现形式。

应用程序主要存在两种运行模式：C/S（Client/Server，客户端/服务器）模式和 B/S（Browser/Server，浏览器/服务器）模式。

C/S 模式的基本思想是：在服务器上安装数据库管理系统实现数据的集中存储，在各个与服务器相连接的客户端上安装数据库接口和界面软件，用户通过这些软件提供的操作界面登录到数据库管理系统中，实现对数据的操纵和控制。C/S 模式是典型的两层架构，客户端负责用户交互和数据处理，服务器负责数据管理。在这种模式下，客户端通常需要安装特定的应用程序，通过该应用程序与服务器进行通信和数据交换。C/S 模式具有响应速度快、交互性强、安全性高等优点，但通常需要较高的客户端配置，且维护成本相对较高。

在计算机领域中，将提供（响应）服务的计算机称为服务器（server），将接受（请求）服务的计算机称为客户机（client）或工作站（workstation）。一般而言，服务器会选用性能较高的计算机。C/S 模式的工作原理如图 1-1 所示。

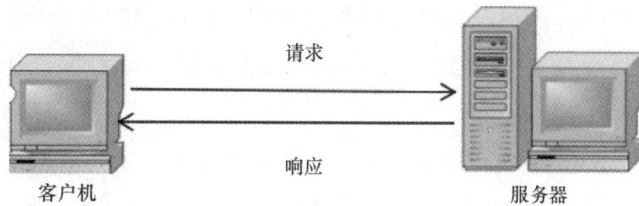

图 1-1　C/S 模式的工作原理

B/S 模式是一种三层架构。浏览器作为客户端，负责用户交互；服务器负责数据处理和存储；中间件负责连接浏览器和服务器，实现数据的传输和处理。在 B/S 模式下，用户只需通过浏览器即可访问应用程序，无须安装额外的软件。该模式具有使用便捷、维护成本低等优点。同时，B/S 模式还支持跨平台操作，使应用程序的推广和普及更加容易。Web 应用程序普遍采用 B/S 模式。若通过客户机中的浏览器（browser）向服务器发出请求，并接收其响应的结果，则称这样的协作方式为 B/S 模式或 B/S 架构，其工作原理如图 1-2 所示。

图 1-2　B/S 模式的工作原理

这两种模式各有其特点和适用场景。在实际应用中，应根据具体需求和环境选择合适的模式。例如，对于需要高交互性和安全性的内部管理系统，可以采用 C/S 模式；而对于需要广泛传播和普及的 Web 应用程序，B/S 模式则更为合适。

Web 应用程序首先是"应用程序"，它和用标准程序语言（如 C 语言、C++等）编写出来的程序没有什么本质上的不同。然而 Web 应用程序又有自己独特的地方，就是它是基于 Web 的，而不是采用传统方式运行的。换句话说，它是典型的 B/S 架构的产物。

PHP 采用的就是 B/S 模式，其工作原理如图 1-3 所示。

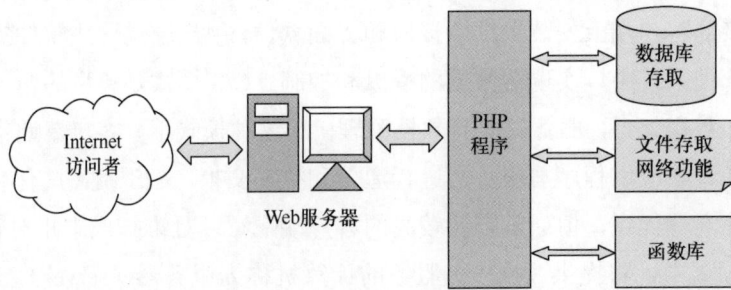

图 1-3　PHP 工作原理

通过图 1-3 可以看出，PHP 程序通过 Web 服务器接收访问请求，在服务器端处理请求，然后通过 Web 服务器向客户端发送处理结果。客户端接收到的只是程序输出的处理结果，是一些 HTML 标记，无法直接看到 PHP 代码。这样能够很好地保证代码的私密性和程序的安全性。

此外，通过在服务器端执行代码，可以有效减少对客户端的需求。在这种情况下，客户端用户无须进行复杂的 PHP 环境配置，只需安装一个常规的浏览器，便能够无障碍地浏览 PHP 网站。PHP 与其他服务器端的嵌入式脚本语言类似，其运行依赖于特定的服务器环境。只有在正确配置服务器环境的前提下，服务器才能成功运行 PHP 网站。

1.2　HTML 概述

超文本标记语言（HyperText Markup Language，HTML）是一种用于创建网页的标准标记语言。它不是一种编程语言，而是一种标识性语言。通过一系列标记（通常称为 Tag），HTML 可以将网络上的文档格式统一，使分散的 Internet 资源连接为一个逻辑整体。这些标记可以描述文字、图像、动画、声音、表格、链接等网页元素。

HTML 文档不仅包含文本文件，也包含一些标记。标记是描述性的，用一对中间包含若干字符的"<>"表示，前一个为起始标记，后一个为结束标记，通常成对出现。HTML 文档的扩展名是.htm 或者.html。可用记事本、Sublime Text 等文本编辑器编写 HTML 文档。

HTML 文档由浏览器解析并呈现为可视化的网页，其基础结构清晰。HTML 标记具有特定的语法格式，用来包含需要呈现的文本、图像、音频、视频等内容。

HTML 的主要作用是传递结构化信息给浏览器，以便浏览器根据这些信息渲染页面。它是建立网页文件的基础语言，具有简洁、灵活等特点，并且易于学习和使用。

随着 Web 技术的不断发展，HTML 也在不断演变和升级，引入了许多新特性和标记元素。同时，HTML 也常与 CSS（Cascading Style Sheet，串联样式表）和 JavaScript 等技术一起使用，用于设计网页、Web 应用程序以及移动应用程序的用户界面，实现更丰富的网页效果和交互功能。

　　总体而言，HTML 是 Web 开发的核心技术之一，它使网页内容的创建和呈现成为可能，并为 Web 的快速发展奠定了坚实的基础。无论是初学者还是专业的 Web 开发者，进行网页设计和开发都需要掌握 HTML。

1.2.1　HTML 发展历程

　　HTML 的发展历程可以追溯至 20 世纪 80 年代末，它由欧洲粒子物理学实验室的蒂姆·伯纳斯·李（Tim Berners-Lee）发明。他通过研究发现人们的视觉处理是以页为基础的，因此他提出了使用以超文本为中心的管理方式来组织网络上的资料，并创建了超文本标记语言，即 HTML。

　　HTML 的发展经历了多个版本的迭代和更新。

　　HTML 1.0：作为因特网工程任务组（Internet Engineering Task Force，IETF）的工作草案在 1993 年 6 月发布，但请注意，这是草案，并非正式标准。

　　HTML 2.0：于 1995 年 11 月作为 RFC（Request For Comments，征求意见稿）1866 发布，为第一个正式规范版本。这个版本增加了表格、图像和表单等功能，使网页内容的展示和组织方式更加丰富和灵活。然而，在 RFC 2854 于 2000 年 6 月发布之后，HTML 2.0 被宣布已经过时。

　　HTML 3.0 与 3.2：W3C（World Wide Web Consortium，万维网联盟）于 1995 年提出 HTML 3.0 规范，它引入了许多新特性，如表格、文字绕排和复杂数学元素的显示等。然而，由于一些原因，HTML 3.0 并未被广泛接受。随后，W3C 推出了开发代号为 Wilbur 的 HTML 3.2，这个版本去掉了 HTML 3.0 中的大部分新特性，但加入了很多特定浏览器的元素和属性。HTML 3.2 于 1997 年 1 月 14 日成为 W3C 的推荐标准。

　　HTML 4.0 与 4.01：HTML 4.0 于 1997 年 12 月 18 日发布，作为 W3C 的推荐标准。这个版本不仅加入了更多特定浏览器的元素和属性，同时也开始"清理"标准，将一些元素和属性标记为"过时"，建议不再使用。HTML 4.01 则于 1999 年 12 月 24 日发布，它在 HTML 4.0 的基础上进行了微小改进，同样被 W3C 推荐为标准。

　　XHTML：XHTML（可扩展 HTML）于 1999 年发布，它是 HTML 和 XML 的结合，支持 XML 的语法和结构。随后的 XHTML 2.0 提案则包含更清晰的语法和新的标记。然而，由于浏览器对 XHTML 的支持并不如 HTML 广泛，XHTML 未能完全取代 HTML。

　　HTML 5：2008 年，HTML 5 被提出，并在随后的几年中经历了多次更新和发布。HTML 5 逐步增加了许多新功能，如视频、音频、画布、本地存储和 WebSocket 等，极大地提高了网页的表现力和交互性。

　　总的来说，HTML 的发展历程是一个不断迭代和完善的过程，每一次更新都带来了新特性和改进，使网页设计和开发变得更加便捷和高效。随着 Web 技术的不断发展，HTML 也将继续演进，为网页开发提供更加丰富多样的可能性。

1.2.2 HTML 基本结构

HTML 基本结构主要包括文档类型声明（<!DOCTYPE>）、HTML 根元素（<html>）、文档头部（使用<head>和</head>标记界定）和文档主体（使用<body>和</body>标记界定）等。其中，主要部分是头部和主体。

HTML 页面从<html>标记开始，到</html>标记结束。它们之间是文档头部和文档主体。文档头部用<head>和</head>标记界定，一般包含网页标题、文档属性参数等不在页面上显示的元素。文档主体是网页的主体，其中的内容均会体现在页面上，用<body>和</body>标记来界定，主要包括描述网页的文字、表格、图像、动画、超链接等内容。

接下来举一个简单的例子，介绍 HTML 的基本用法。

【例 1-1】使用 HTML 设计一个简单的网页。

1-1 【例 1-1】

（1）在文本编辑器中输入以下内容，以 hello.htm 作为文件名保存到 D:\Web\www 文件夹中。

```
<!--
代码内容：第一个 HTML 程序
-->
<html>
<head>
<title>一个 Hello  World网页</title>
<script language="JavaScript">
alert( "大家好！" );
</script>
</head>
<body bgcolor="#8888FF">
<div align=center>
    <h2>
    Hello  World!
    </h2>
</div>
</body>
</html>
```

【例 1-1】中运用了基本的 HTML 元素，说明如下。

① <html>元素是 HTML 文档的根元素。

② <head>元素包含所有的元数据，如网页标题、链接等。

③ <title>元素定义浏览器标题栏中显示的标题、当网页添加到收藏夹时显示的标题，以及搜索引擎结果页面显示的标题。

④ <body>元素包含所有可见的页面内容，如文字、图片、超链接等。

⑤ <h2>是一个标题元素，用于定义文档的标题层级。HTML 提供了从<h1>到<h6>共 6 个级别的标题，其中<h2>用于定义网页内容中仅次于最高层级标题<h1>的重要章节标题。浏览器默认会将其渲染为比<h1>稍小的粗体文本。

（2）在浏览器地址栏中输入"D:/Web/www/hello.htm"，或者直接双击 hello.htm 文件，程序运行结果如图 1-4（a）所示。单击"确定"按钮，运行结果如图 1-4（b）所示。

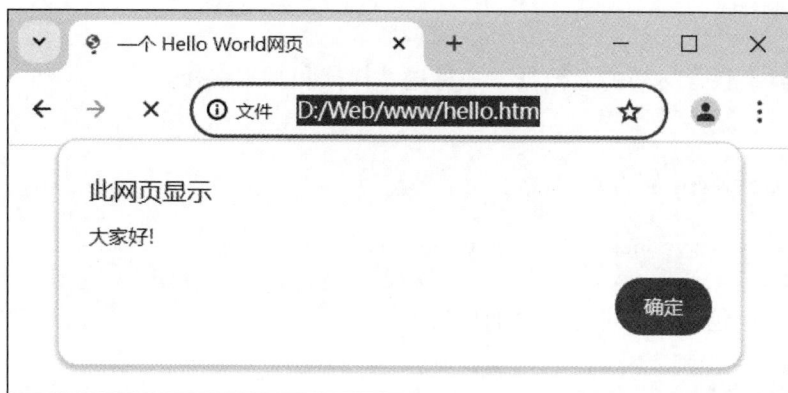

（a）

（b）

图 1-4　运行结果

1.2.3　HTML 标记

在 HTML 标准规范中，各类标记可通过属性实现内容的精细化控制。例如，<script>、<body>、<div>及<img>等标记均支持显式属性配置。若开发者未显式定义某些标记的属性（如【例 1-1】中未设置<h2>的样式属性），浏览器将采用默认处理逻辑：<h1>标记默认渲染为主标题，<h2>则作为次级标题或段落标题使用。

除此之外，HTML 的某些标记还支持事件处理。这意味着，当特定的事件发生时，与之关联的事件代码将自动执行。这些事件代码通常用脚本语言编写，而在当前的 Web 开发实践中，JavaScript 是较受欢迎且广泛使用的脚本语言。在 HTML 文档中，使用<script>标记来包裹这些脚本代码，并通过 language 属性来明确告知浏览器这些脚本代码所使用的编程语言。

HTML 标记是构成 HTML 网页内容与结构的基本单位。这些标记向浏览器提供关于如何渲染和展示网页内容的指令。下面列举了一些常见的 HTML 标记及其示例。

（1）文档结构标记

① <html>：定义整个 HTML 文档。

```
<!DOCTYPE html>
<html>
  <!-- 页面内容 -->
</html>
```

② <head>：包含文档的元数据，如标题、样式和脚本链接。

```
html
<head>
  <title>我的网页标题</title>
  <meta charset="UTF-8">
  <link rel="stylesheet" href="styles.css">
</head>
```

③ <body>：包含所有可见的页面内容。

```
<body>
  <h1>欢迎来到我的网页</h1>
  <p>这是一个段落。</p>
</body>
```

（2）标题和段落

① <h1>到<h6>：定义不同级别的标题。

```
<h1>主标题</h1>
<h2>子标题</h2>
<h6>最小的标题</h6>
```

② <p>：定义段落。

```
<p>这是第一段。</p>
<p>这是第二段。</p>
```

（3）文本格式化

① <b>,<strong>：加粗文本。

```
<p>这是一个普通文本-<b>这是一个加粗文本</b>。</p>
<p><strong>这是加粗的文本。</strong></p>
```

② <i>,<em>：斜体文本。

```
<p><em>这是斜体的文本。</em></p>
```

③ <u>：下画线文本。

```
<p><u>这是带有下画线的文本。</u></p>
```

（4）链接和图片

① <a>：创建超链接。

```
<a href="https://www.example.com">访问示例网站</a>
```

② <img>：插入图片。

```
<img src="image.jpg" alt="示例图片">
```

（5）列表

① <ul>：定义无序列表。

```
<ul>
  <li>苹果</li>
  <li>香蕉</li>
  <li>橙子</li>
</ul>
```

② <ol>：定义有序列表。

```
<ol>
  <li>第一步</li>
  <li>第二步</li>
  <li>第三步</li>
</ol>
```

③ <tr>：定义表格行。

④ <td>：定义表格数据单元格。

⑤ <th>：定义表头单元格。

```
<table><tr> <td>张三</td> <td>25</td> </tr> </table>
```

【例 1-2】使用 HTML 设计一个简单的表格。

1-2【例 1-2】

```
<html>
<head>
    <meta charset="UTF-8">
    <title>简单表格</title>
</head>
<body>
<table border="1">
    <tr>
        <th>姓名</th>
        <th>年龄</th>
        <th>职业</th>
    </tr>
    <tr>
        <td>王晓宇</td>
        <td>25</td>
        <td>工程师</td>
    </tr>
    <tr>
        <td>万红</td>
        <td>28</td>
        <td>教师</td>
    </tr>
</table>
</body>
</html>
```

在浏览器地址栏中输入"D:/Web/www/bgsl.htm"，或者直接双击 bgsl.htm 文件，程序运行结果如图 1-5 所示。

图 1-5 运行结果

（6）其他常用标记

① <div>：定义文档中的区块或节，常用于布局和样式化。

```
<div class="container">
  <p>这是一个带有 class 属性的 div。</p>
</div>
```

② <span>：定义行内元素区块，常用于对文本中的部分内容进行样式化。

```
<p>这是一个<span style="color:red;">红色</span>文本。</p>
```

③
：插入换行符。

```
<p>第一行<br>第二行</p>
```

④ <hr>：插入水平线。

```
<p>这是上一段内容。</p>
<hr>
<p>这是下一段内容。</p>
```

这些只是 HTML 中常用标记的一部分，实际上 HTML 还包含很多标记，可用于创建复杂且功能丰富的网页。每个标记都有其特定的用途和语法规则，需要按照正确的方法来使用。

1.2.4 HTML 表单

表单用于收集用户（即站点访问者）信息，随后将这些信息提交至服务器进行处理。表单内包含多种交互控件，如文本框、列表框、单选按钮以及复选框等。用户可在表单中填写内容或选择数据，完成操作后提交，所提交的数据会传送至对应的表单处理程序，从而实现与网站的交互。

（1）表单标记

<form>：定义一个 HTML 表单，用于包含表单元素，并且可以指定表单提交的目标地址和提交方式。

（2）输入字段标记

<input>：定义输入字段，是最常用的表单元素之一。通过改变 type 属性，可以创建不同类型的输入字段。

type="text"：创建文本输入框。

type="password"：创建密码输入框，输入的内容会以"*"或"·"显示。

type="submit"：创建提交按钮，单击后会提交表单数据。

type="reset"：创建重置按钮，单击后会重置表单中的所有字段。

type="radio"：创建单选按钮。

type="checkbox"：创建复选框。

type="file"：创建文件上传字段。

type="hidden"：创建隐藏字段，用于存储不需要用户输入的数据。

type="email"：创建电子邮箱地址输入框，会自动验证输入的内容是否符合电子邮箱地址格式。

type="date"、type="time"、type="datetime-local"等：创建日期、时间等类型的输入框。

（3）其他表单标记

<textarea>：定义多行文本输入框，用于输入较长的文本内容。

<label>：定义表单控件的描述，通常与<input>元素配合使用，以提升可访问性。

<select>：定义下拉列表，用户可从中选择一个选项。

<option>：定义下拉列表中的选项。

<fieldset>：对表单中的一组相关元素进行分组。

<legend>：为<fieldset>元素定义标题。

下面是一个简单的 HTML 表单示例，包含一个文本输入框、一个密码输入框和一个提交按钮。

【例 1-3】简单的 HTML 表单示例。

bd.htm 源代码如下。

1-3 【例1-3】

```
<form action="/submit_form" method="post">
  <label for="username">用户名:</label>
  <input type="text" id="username" name="username" required>
  <label for="password">密码:</label>
  <input type="password" id="password" name="password" required>
  <input type="submit" value="提交">
</form>
```

程序运行结果如图 1-6 所示。

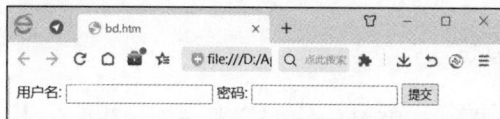

图 1-6　运行结果

<form>标记定义了表单的开始和结束，action 属性指定了表单提交的目标地址，method 属性指定了表单提交的方式（这里使用 post 方法）。

标记与<input>标记配合使用，通过 for 属性与<input>元素的 id 属性关联，提升了表单的可访问性。

<input type="text">创建一个文本输入框，用户可以在其中输入用户名。

<input type="password">创建一个密码输入框，用户可以在其中输入密码。

<input type="submit">创建一个提交按钮，用户单击该按钮后会提交表单。

> **注意** 在实际开发中，表单的验证和处理通常需要使用 JavaScript 或服务器端语言来实现，以确保数据的完整性和安全性。

1.3　PHP 介绍

PHP 作为一种免费且开源的 Web 开发技术，与 Linux、Apache 及 MySQL 等开源软件自由组合，可构建一个集简单、安全、低成本、快速开发和部署灵活等特点于一体的开发平台。PHP 能够运行在多个 Web 服务器上，作为一种创建动态 Web 页面的工具，它允许开发者在 HTML 代码中直接嵌入简单的脚本。值得注意的是，PHP 是一种服务器端脚本语言，与依赖于浏览器的 JavaScript 不同，后者是一种嵌入 HTML 中的客户端脚本语言。在概念上，PHP 与 Netscape 的 LiveWire Pro、Microsoft 的 ASP 以及原 Sun 公司的 JSP 等产品存在相似性。

PHP 的广泛应用得益于其强大的功能和灵活性。作为一种服务器端脚本语言，PHP 主要用于 Web 开发，可以生成动态网页内容。它支持多种数据库，包括 MySQL、PostgreSQL、SQLite 等，使数据处理变得简单和高效。此外，PHP 还提供了丰富的内置函数和扩展库，可以方便地实现各种功能，如文件操作、网络编程、加密/解密、图像处理等。

PHP 的语法简单易懂，学习者能够快速上手。同时，PHP 社区活跃，拥有大量的开源项目和资源，为开发者提供了丰富的参考和学习机会。无论是在小型项目还是大型企业级应用中，PHP 都能发挥出色的性能，为 Web 开发提供强有力的支持。

因此，无论是初学者还是经验丰富的开发者，PHP 都是值得学习的脚本语言。使用 PHP 能够构建出功能强大、性能稳定的 Web 应用程序，为用户提供更好的体验和服务。

1.3.1　PHP 发展历程

PHP 的发展历程可追溯到 1995 年，它由拉斯马斯·勒德尔夫（Rasmus Lerdorf）创立。最初，它仅是一个简单的 Perl 脚本，主要用于收集访问者信息，被命名为"Personal Home Page Tools"（个人主页工具）。

1995 年 6 月，PHP 迎来了重要的转折点——PHP 2.0 问世。这次，拉斯马斯·勒德尔夫用 C 语言重新开发了这一工具，将其命名为 PHP/FI，并赋予了它数据库访问能力，使开发者能够更轻松地构建动态 Web 应用程序。

到了 1997 年，使用 PHP/FI 的网站数超过 5 万个。1998 年 6 月，PHP 3.0 正式发布，这一版本经过 9 个月的公开测试，被认为是现代 PHP 的基石，其重写解析器为后续 Zend 引擎的发展奠定了基础。

2000 年 5 月，PHP 4.0 震撼登场。安迪·古特曼斯（Andi Gutmans）和齐夫·苏拉斯基（Zeev Suranski）对 PHP 进行了重写，并引入了 Zend 引擎，显著提升了运行时性能和模块化程度。

2004 年 7 月，PHP 5.0 发布，这是 PHP 发展历程中的又一重要里程碑。它基于 Zend 二代引擎，实现了完全的面向对象编程，提供了 PHP 兼容模式，并加强了 XML 和数据库支持，包括引入 SQLite 这一轻量级关系数据库管理系统。

PHP 6 因 Unicode 问题的复杂性而推迟发布。不过，PHP 6 草案中的许多特性在 PHP 5.3 至 5.6 中提前实现，这使 PHP 版本直接从 5 系列跳跃至 7 系列。

2015 年 6 月 11 日，PHP 7 的首个 Alpha 版本发布，它采用了全新的 Zend 引擎，并带来了性能提升、64 位全面支持及一系列新语言特性。

目前，PHP 已发展至 PHP 8。它在语法和功能上进行了诸多改进，以满足现代 Web 开发的多样化需求。PHP 8 引入了类型推断、Union 类型等语言特性，优化了函数参数机制与错误处理逻辑，并实现了性能提升，进一步巩固了其在 Web 开发领域的地位。

1.3.2　PHP 功能

PHP 是一种广泛应用的开源、多用途脚本语言，特别适合进行 Web 开发。它能够轻松地嵌入 HTML 中，实现页面的动态控制。PHP 的语法融合了 C 语言、Java 和 Perl 的特点，让开发者能够快速上手并轻松编写代码。尽管 PHP 的主要目标是帮助 Web 开发者快速构建动态网页，但它的功能并不仅限于此。

PHP 与 HTML 的兼容性极佳，允许开发者在 PHP 脚本中灵活地插入 HTML 标记，或者在 HTML 代码中嵌入 PHP 代码，从而实现对页面的精确控制。此外，PHP 提供了标准的数据接口，使与数据库的连接简单又高效。无论是 MySQL、PostgreSQL 还是其他数据库系统，PHP 都能轻松应对，满足各种数据交互需求。

除了数据库连接，PHP 还展现出了出色的兼容性和可扩展性。它可以与各种外部系统和服务无缝集成，为开发者提供丰富的功能和更多的可能性。同时，PHP 支持面向对象编程，使代码结构更加清晰、可维护性更强。

总的来说，PHP 不仅是一款强大的 Web 开发语言，更是一个功能丰富、易于学习和使用的工具。无论是初学者还是资深开发者，都可以通过 PHP 快速、高效地构建 Web 应用程序。

1.3.3　PHP 应用领域

PHP 的主要应用领域如下。

（1）服务器端脚本：这是 PHP 最传统且核心的应用领域。要设置和运行基于 PHP 的服务器端脚本环境，以便处理 Web 请求并生成动态内容，仅需 3 个关键组件，即 PHP 解析器[可以是公共网关接口（Common Gateway Interface，CGI）或服务器模块形式]、Web 服务器和 Web 浏览器。在运行 Web 服务器时，需要安装并正确配置 PHP。随后，通过 Web 浏览器即可访问由 PHP 程序生成的动态页面，从而呈现出服务器端的数据和逻辑处理结果。

（2）命令行脚本：PHP 同样适用于编写独立的命令行脚本，这些脚本不需要服务器或浏览器，仅需 PHP 解析器就可执行。对于需要定期自动执行的任务，如 UNIX/Linux 环境中的 cron 作业或 Windows 环境中的任务计划程序，PHP 脚本是理想的选择。此外，这些脚本还能轻松处理文本文件和生成报告。

（3）桌面应用程序开发：虽然 PHP 可能不是开发具有图形用户界面的桌面应用程序的首选语言，但熟悉 PHP 并希望利用其高级特性的开发者仍有可能通过使用 PHP-GTK 来编写桌面应用程序。PHP-GTK 是 PHP 的一个额外组件，不包含在标准的 PHP 发行版中，但它为 PHP 开发者提供了一个创建跨平台桌面应用程序的途径。

（4）Web 应用程序开发：PHP 广泛用于开发各种类型的 Web 应用程序，包括 CMS（Content Management System，内容管理系统）、电子商务平台、社交媒体网站等。通过使用 PHP，开发者可以快速地构建功能丰富、交互性强的 Web 应用程序。

1.3.4　PHP 特点

PHP 作为一种服务器端脚本语言，其特点主要有以下 7 个。

（1）开放源代码

PHP 属于自由软件，是完全免费的，用户可以从 PHP 官方网站自由下载，而且可以不受限制地获得源代码，甚至可以在其中添加自己需要的特色功能。

（2）基于服务器端

PHP 是运行在服务器上的，充分利用了服务器的性能，PHP 的运行速度只与服务器的运行速度有关，因此它的运行速度可以非常快。PHP 执行引擎还会将用户经常访问的 PHP 程序驻留在内存中，其他用户再次访问这个程序时不用重新编译，可直接执行内存中的代码。这也是 PHP 高效性的体现之一。

（3）数据库支持

PHP 具备强大的数据库兼容性，能支持当下绝大多数主流数据库，如 MySQL、SQL Server、Oracle、PostgreSQL 等。同时，PHP 全面支持 ODBC（Open Database Connectivity，开放数据库互连）标准，因此它可以连接所有支持该标准的数据库。特别值得一提的是，PHP 与 MySQL 堪称"绝佳搭档"，二者组合可实现跨平台运行。

（4）跨平台

PHP 具备广泛的操作系统兼容性，能够在当前所有主流操作系统上稳定运行，涵盖

Linux、UNIX 的各类变种、Windows、macOS、RISC OS 等。得益于这一特性，UNIX、Linux 操作系统上有了可与 ASP 相媲美的开发语言。此外，PHP 还能适配大多数 Web 服务器，如 Apache、IIS、iPlanet、Personal Web Server（PWS）、Oreilly Website Pro Server 等。针对大多数 Web 服务器，PHP 都提供了对应的模块。

（5）易于学习

PHP 的语法接近于 C 语言、Java 和 Perl，学习起来非常简单，而且有很多学习资料。PHP 还提供数量巨大的系统函数集，用户只要调用一个函数就可以实现复杂的功能。因此，用户只需要掌握很少的编程知识就能够使用 PHP 建立一个可交互的 Web 站点。

（6）网络应用

PHP 还提供强大的网络应用功能，支持 LDAP、IMAP、SNMP、NNTP、POP3、HTTP、COM（Windows 环境）等协议和环境。它还可以开放原始端口，使任何其他的协议能够协同工作。PHP 提供内置的邮件发送函数、用于 FTP 上传和下载文件的函数，用户可以方便地调用这些函数实现相应应用。

（7）安全性

由于 PHP 源代码开放，所以它的代码由许多工程师进行了检测，同时它与 Apache 编译在一起的方式也让它具有灵活的安全设定。因此，到现在为止，PHP 具有公认的安全性。

PHP 除具备上述特点外，还具备其他编程语言所具备的诸多功能，如数值计算、时间处理、文件系统、字符串处理等。除此之外，PHP 还提供诸多支持，涵盖高精度计算、公历转换、图形处理、编码与解码、压缩文件处理以及高效文本处理功能（如正则表达式等）。

1.3.5　PHP 发展趋势

PHP 长期在 TIOBE[1]编程语言排行榜中位列前十，其受欢迎程度仅次于 Java、C 语言、C++、C#和 Python，足见其强大的影响力和广泛的应用前景。作为世界上使用率最高的网页开发语言之一，PHP 的地位不言而喻。

目前，PHP 8 正在稳步前行，其功能也在不断完善和优化，展现出更为强大的性能，同时也继续支持面向对象编程。PHP 的跨平台特性使其在各类操作系统中都表现出色，特别是在 Linux 平台上，其表现尤为卓越。此外，PHP 能够直接调用 Java 类库以及用 Perl、C 语言等编写的程序，这一特性极大地提升了其可扩展性，为开发者提供了更广阔的创作空间。

---

1 TIOBE 是一个知名的编程语言排行榜，由荷兰埃因霍温的 Tiobe Software BV 公司创建和维护。这个排行榜每月更新一次，旨在反映编程语言的热门程度。Tiobe 指数是基于全球范围内资深软件工程师和第三方供应商提供的数据，通过分析网络搜索引擎中包含特定编程语言名称的查询结果数量得出的。根据该指数将程序设计语言以排名列表的形式展现出来，排名数据反映了互联网上有经验的程序员对某种编程语言的偏好和使用情况，也反映了市场对该语言的需求情况。

成熟且功能强大的 MVC（Model-View-Controller，模型-视图-控制器）开发框架的崛起，进一步推动了 PHP 在企业级大型应用开发领域的应用。这些框架为 PHP 提供了强大的支持，使其能够轻松应对复杂的企业级应用需求。同时，PHP 强大的数据库支持能力，也使其在 Web 开发领域备受青睐。

可以看出，PHP 的发展依然强劲，其强大的功能、广泛的应用前景和不断完善的生态系统，都预示着它将继续在 Web 开发领域发挥重要作用，并受到更多开发者的喜爱和追捧。

本章小结

本章讲解了 Web 应用程序的基本概念、工作原理，以及 HTML 的基本语法，并深入探讨了 PHP 技术在各个领域的应用和发展趋势。

（1）Web 应用程序的基本概念。Web 应用程序，是指那些专为 Web 环境而设计的应用程序。它充分利用了互联网的普及和计算机技术的快速发展，能为用户提供便捷、高效、跨平台的在线服务。

（2）Web 应用程序的工作原理。Web 应用程序主要包括客户端、服务器和传输协议 3 个部分。客户端负责向服务器发送请求，服务器接收请求后处理并响应，传输协议则负责客户端和服务器之间的数据传输。

（3）HTML 基本语法。HTML 是一种用于创建网页的标准标记语言。它通过一系列的标记和属性来描述网页的结构和内容。了解 HTML 基本语法，对编写符合规范的 Web 页面和进一步学习前端技术具有重要意义。

（4）PHP 的应用领域和发展趋势。PHP 是一种广泛应用于服务器端的脚本语言。它具有跨平台、易学易用、高性能等特点，是许多开发者的首选技术。PHP 的应用领域包括服务器端脚本、命令行脚本、桌面应用程序开发以及 Web 应用程序开发等。随着互联网技术的不断进步，PHP 也在不断地更新和完善，其发展趋势表现为更加高效、安全、易用等。

本章习题

一、选择题

1. 以下哪一项不是 Web 应用程序的基本特点？（　　　）

A. 采用 C/S 模式　　　　　　　　　　B. 仅使用 HTML 编写

C. 可以通过互联网访问　　　　　　　　D. 提供动态内容

2．以下哪 项 HTML 标记用于定义网页的标题？（　　　）

    A．<header>　　　　B．<title>　　　　C．<heading>　　　　D．<caption>

3．在 HTML 中，用于表示段落的是哪个标记？（　　　）

    A．<p>　　　　　　B．<h1>　　　　　C．<div>　　　　　D．<span>

4．PHP 的发展趋势中，以下哪一项是不正确的？（　　　）

    A．PHP 将继续支持面向对象编程

    B．PHP 是一种免费且开源的 Web 开发技术

    C．PHP 的性能将不再有所提升

    D．PHP 将引入更多新功能和库

5．以下哪个 HTML 标记用于定义 HTML 文档的主体内容？（　　　）

    A．<body>　　　　　　　　　　　B．<content>

    C．<main>　　　　　　　　　　　D．<section>

二、判断题

1．HTML 中的<p>标记用于定义段落，而
标记用于换行。（　　　）

2．HTML 是一种标记语言，用于创建网页的结构和内容。（　　　）

3．B/S 模式下，客户端需要安装特定的软件才能访问服务器上的应用程序。（　　　）

三、简答题

1．什么是 Web 应用程序？它与传统的桌面应用程序有什么区别？

2．解释什么是客户端和服务器端，以及它们在 Web 应用程序中的作用。

3．简述 PHP 的工作原理。

本章实训

一、实训目的

1．熟悉 HTML 的基本结构和标记。

2．掌握如何创建简单的 HTML 页面（包含标题、段落、列表和超链接等元素）。

3．理解 HTML 标记的嵌套规则和属性用法。

4．培养良好的 HTML 编程习惯。

二、实训要求

查阅相关资料，了解 Web 开发技术的基本发展历程，了解我国科技的进步、国内知名企业（如华为技术有限公司、腾讯控股有限公司、阿里巴巴集团控股有限公司等）的创业史等内容，同时调研 JSP、ASP.NET 以及 PHP 三大主流动态网站开发技术，并进行比较。浏览企业网站，调研、分析其采用的 Web 开发技术，运用所学 HTML 基本语法制作简单静态页面并运行。

三、实训步骤

1．创建 HTML 文档

（1）使用文本编辑器（如 Sublime Text、Visual Studio Code 等）创建一个新文档。

（2）将文档保存为.html 或.htm 格式，如 index.html 或 index.htm。

2．编写 HTML 基本结构

（1）在 HTML 文档的开头添加<!DOCTYPE html>声明，指定文档类型。

（2）添加<html>标记作为 HTML 文档的根元素。

（3）在<html>标记内添加<head>和<body>标记，分别表示文档头部和主体内容。

3．编写文档头部内容

（1）在<head>标记内添加<title>标记，设置网页标题。

（2）可以选择添加<meta>标记来设置字符集（如<meta charset="UTF-8">）或其他元数据。

4．编写主体内容

（1）在<body>标记内添加文本内容，如标题、段落等。

（2）使用<h1>到<h6>标记创建不同级别的标题。

（3）使用<p>标记创建段落。

（4）使用<ul>和<li>标记创建无序列表，或使用<ol>和<li>标记创建有序列表。

（5）使用<a>标记创建超链接，通过 href 属性指定超链接地址。

5．保存并预览 HTML 文档

（1）保存 HTML 文档。

（2）使用 Web 浏览器打开保存的 HTML 文档，查看页面效果。

四、实训注意事项

1．确保标记正确嵌套，不要遗漏结束标记。

2．注意 HTML 标记的书写规范，如标记名大小写、属性值的引号等。

3．在编写 HTML 代码时，可以使用代码编辑器提供的自动补全和语法高亮功能，提高编程效率。

4．在实际开发中，建议采用 HTML 5 来编写 HTML 代码，以获得更好的兼容性和功能支持。

五、参考示例代码

```html
<html>
<head>
    <title>我的第一个 HTML 页面</title>
    <meta charset="UTF-8">
</head>
<body>
    <h1>欢迎来到我的网站</h1>
```

```
    <p>这是一个简单的 HTML 页面示例。</p>
    <ul>
        <li>列表项 1</li>
        <li>列表项 2</li>
        <li>列表项 3</li>
    </ul>
    <a href="https://www.example.com">单击这里访问示例网站</a>
</body>
</html>
```

第 2 章　Web 开发环境搭建

Web 开发语言众多，本书主要使用 PHP。作为一种易学易用的服务器端脚本语言，PHP 得到了广泛应用。PHP 开发环境主要包括 Web 服务器、PHP 解释器、数据库及编辑器等。本章主要介绍 Web 开发环境搭建。

【本章知识结构】

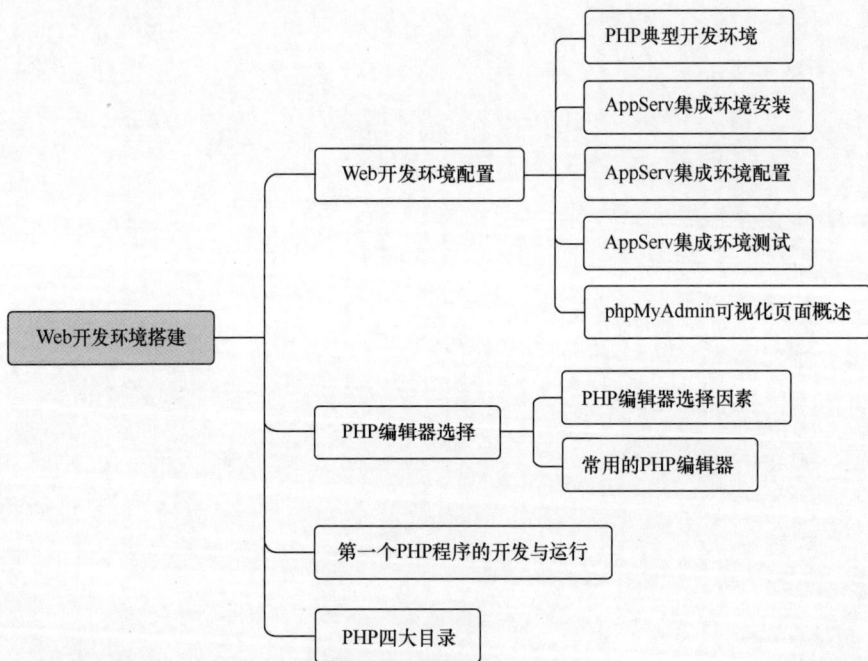

```
                                        ┌─ PHP典型开发环境
                                        │
                                        ├─ AppServ集成环境安装
                                        │
                        ┌─ Web开发环境配置├─ AppServ集成环境配置
                        │               │
                        │               ├─ AppServ集成环境测试
                        │               │
                        │               └─ phpMyAdmin可视化页面概述
                        │
Web开发环境搭建 ─────────┤               ┌─ PHP编辑器选择因素
                        ├─ PHP编辑器选择 ─┤
                        │               └─ 常用的PHP编辑器
                        │
                        ├─ 第一个PHP程序的开发与运行
                        │
                        └─ PHP四大目录
```

【本章学习目标】

1. 了解 Web 开发环境的基本组成。

2. 掌握 Web 开发环境的搭建与配置方法。

3. 了解 PHP 四大目录。

2.1　Web 开发环境配置

PHP 是一种功能强大的服务器端脚本语言，广泛用于构建动态网页和复杂的 Web 应用程序。无论是创建简单的表单，还是构建复杂的电子商务网站，PHP 都能提供强大的支持。然而，要想充分发挥 PHP 的潜力，一个合适的开发环境是必不可少的。

2.1.1　PHP 典型开发环境

PHP 典型开发环境主要包括以下内容。

（1）Web 服务器

Apache HTTP Server：这是最常用的 Web 服务器之一，支持 PHP 并可以与多种操作系统兼容。

Nginx：另一个流行的 Web 服务器，以高性能和可扩展性而闻名。

IIS（Integrated Information Service，集成信息服务）：这是 Microsoft 公司提供的 Web 服务器，主要用于 Windows 操作系统。

（2）PHP 解释器

PHP 解释器是一种用于解析和执行 PHP 脚本的软件工具，它将编写的 PHP 代码作为输入，按照特定的语法规则解析代码，并将其转换为可执行的指令，然后执行这些指令以产生相应的输出结果。在执行 PHP 脚本前，用户需要安装 PHP 解释器，以便服务器能够解析和执行 PHP 代码。

（3）数据库

MySQL、MariaDB：常用的关系数据库管理系统，与 PHP 有良好的集成关系。

PostgreSQL：流行的开源关系数据库。

SQLite：轻量级嵌入式数据库，适用于小型应用程序和原型开发。

（4）开发工具

文本编辑器或 IDE（Integrated Development Environment，集成开发环境）：如 Sublime Text、Visual Studio Code、PhpStorm 等，用于编写和编辑 PHP 代码。

调试工具：如 Xdebug，它允许用户在 IDE 中调试 PHP 代码。

版本控制系统：如 Git，用于跟踪代码更改和管理项目版本。

（5）Web 浏览器

Web 浏览器用于测试 Web 应用程序的用户界面，常见的有 Chrome、Firefox、Safari 和 Edge。

（6）操作系统

常用的操作系统有 Windows、Linux 和 macOS。Linux（特别是基于 Debian 或 Ubuntu

的发行版）是 Web 开发中最常用的操作系统，因为它提供了丰富的软件包和工具，并且与 Web 服务器和 PHP 有良好的兼容性。

（7）其他工具

Composer：PHP 的依赖管理工具，用于管理项目中的库和框架。

PHPUnit：用于 PHP 的单元测试框架。

Docker：容器化工具，用于创建和管理开发环境。

其他 PHP 框架和库，如 Laravel、Symfony、CodeIgniter 等，可以简化 Web 应用程序的开发过程。

设置 PHP 开发环境时，可以选择手动安装和配置每个组件，也可以使用自动化工具（如 Vagrant、Docker 等）来简化设置过程。这些工具可以帮助用户快速搭建一个功能齐全的 PHP 开发环境。

目前网络上集成的安装包有很多，如 AppServ、WAMP、phpStudy 等，本书主要进行 AppServ 集成环境的安装讲解，其他集成环境的安装与此类似，读者可按需进行安装。各版本的 AppServ 安装包可在其官网找到，读者可根据需求进行下载。本书主要以 Windows 10+AppServ 为基础讲解 PHP。

2.1.2　AppServ 集成环境安装

AppServ 是一个集成了 Apache、PHP、MySQL 等软件的开发环境，其安装步骤如下。

（1）下载 AppServ 安装文件。在 AppServ 的官方网站下载 AppServ 安装文件。

（2）打开下载好的安装文件，双击 AppServ 应用程序，出现图 2-1 所示的安装界面，然后单击"Next"按钮。

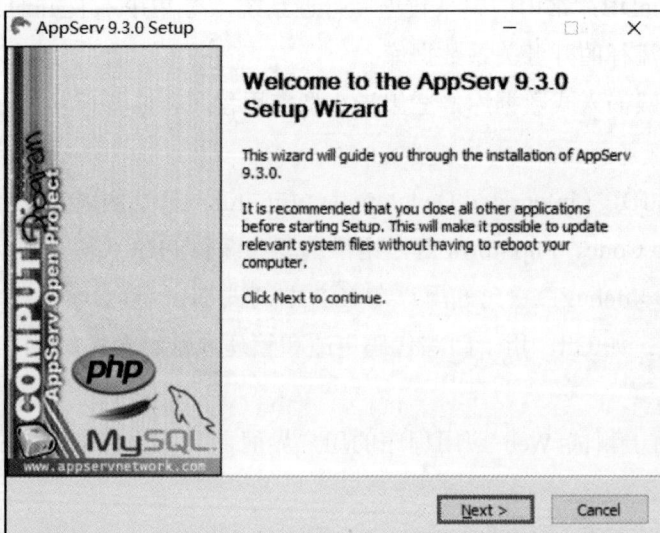

图 2-1　安装界面

（3）在接下来的界面中选择需要安装的组件。通常，为了能在以后的学习中使用 Apache HTTP Server、phpMyAdmin、MySQL Database 等服务，建议全部选中并安装这些服务。软件默认是全部选中的。然后单击"Next"按钮，如图 2-2 所示。

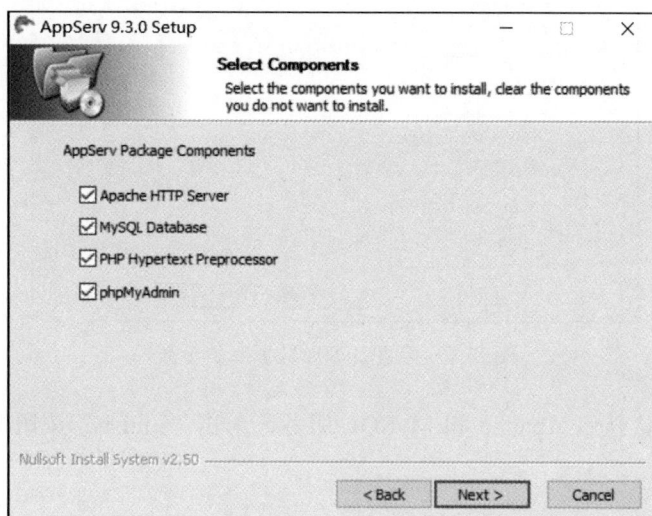

图 2-2　选择组件

（4）填写 HTTP 服务器的地址和端口。地址一般填写为 127.0.0.1 或者 localhost，这是计算机网络的本地回环地址。端口填写为 8080 或其他端口。同时，还需要填写管理员的电子邮箱地址。填写完成后单击"Next"按钮，如图 2-3 所示。

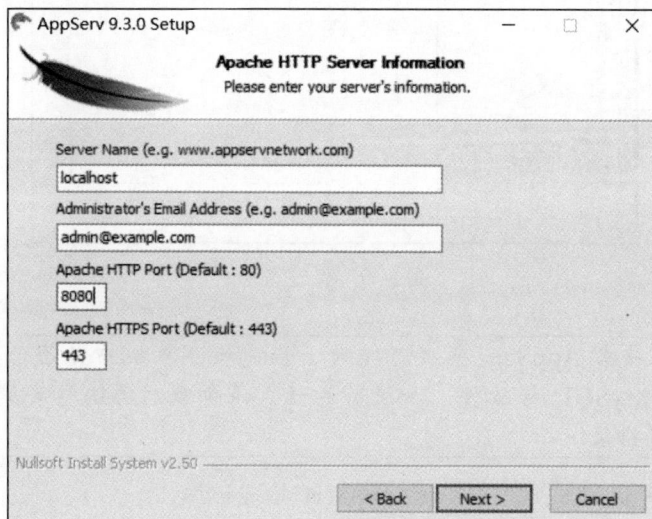

图 2-3　填写地址和端口

（5）设置 MySQL 数据库的参数，包括为管理员用户 root 设置密码和设置 MySQL 服务器的字符集，单击"Install"按钮开始安装，如图 2-4 所示。

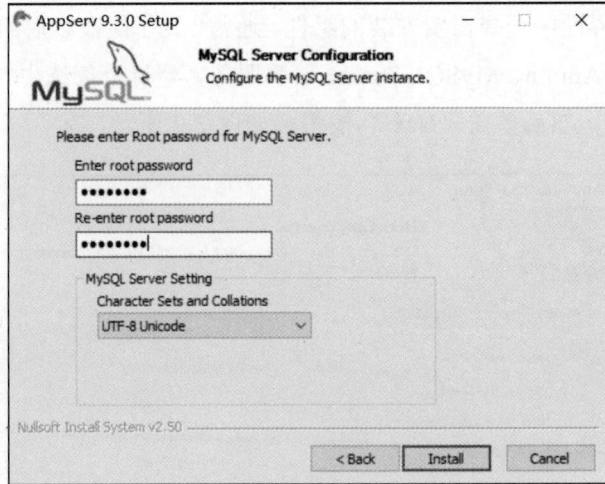

图 2-4　设置 MySQL 数据库的参数

（6）系统会默认开启 Apache 和 MySQL 服务，单击"Finish"按钮即可完成安装，如图 2-5 所示。

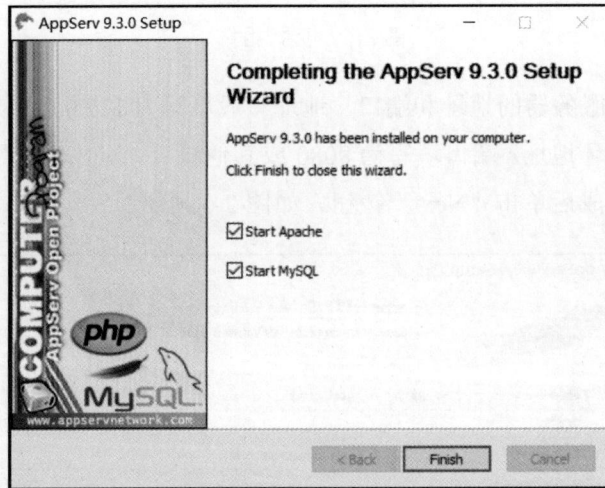

图 2-5　完成安装

> 在安装 AppServ 集成环境时，应先检测系统中是否已经安装 Apache、PHP、MySQL 等软件。如果有的话，请卸载后再进行安装，否则可能会出现安装错误。

以上步骤完成后，就成功安装好了 AppServ 集成环境。

2.1.3　AppServ 集成环境配置

AppServ 集成环境配置是一个综合性的过程，旨在为用户提供一个稳定、高效且易于管理的 Web 开发环境。在这个环境中，Apache 作为 Web 服务器，PHP 作为 Web 开发语言，

MySQL 作为数据库管理系统，三者相互协作，形成一个完整的架构。通过这一配置，开发者可以更加便捷地进行 Web 应用的开发、测试与部署。

接下来详细介绍 AppServ 集成环境配置，主要分为 7 个步骤。

（1）启动 AppServ 面板

安装完成后，可以在桌面上找到 AppServ 面板的快捷方式图标，或者在"开始">"所有程序"中找到 Apache Start，启动 AppServ 面板。

（2）配置 Apache 服务

在 AppServ 面板中，可以看到 Apache 和 MySQL 服务的状态。确保 Apache 服务正在运行。如果需要配置 Apache 服务，可以通过单击"Config"按钮来编辑 Apache 的配置文件。通常不需要手动编辑 httpd.conf 文件，除非有特殊的需求。

（3）配置虚拟目录

如果需要配置虚拟目录，可以通过编辑 httpd.conf 文件或 httpd-vhosts.conf 文件来实现。打开这些文件，按照 Apache 的文档说明添加虚拟主机和目录配置。完成后，需重启 Apache 服务使更改生效。

（4）配置 MySQL 数据库

在 AppServ 面板中，可以单击"MySQL Admin"按钮来访问 phpMyAdmin，这是一个用于管理 MySQL 数据库的 Web 界面。在这里，可以创建数据库、添加用户、设置权限等。另外，还可以直接编辑 MySQL 的配置文件（通常是 my.ini）以进行更高级的配置。

（5）配置网站根目录

默认情况下，AppServ 会将网站文件存储在 www 目录下。用户可以将网站文件放在这个目录下，并通过浏览器访问 http://localhost 来查看网站。如果需要更改网站根目录，可以在 Apache 的配置文件中进行设置。

（6）配置端口和域名

如果需要更改 Apache 服务的监听端口或添加域名映射，可以在 httpd.conf 文件或 httpd-vhosts.conf 文件中进行配置。例如，可以将默认的 80 端口更改为其他端口，或者添加虚拟主机以支持多个域名。

（7）安全性和防火墙设置

确保 Windows 防火墙允许外部访问 Apache 和 MySQL 使用的端口（通常是 80 和 3306）。此外，为了增强安全性，可以考虑配置 SSL（Secure Sockets Layer，安全套接层）证书以启用 HTTPS 访问，并定期更新和备份网站文件与数据库。

注意　以上步骤提供了常规的配置指导，具体的配置可能会因个人需求和 AppServ 的版本而有所不同。在进行任何配置或更改之前，建议备份相关网站文件和数据库，以防意外情况发生。

2.1.4 AppServ 集成环境测试

接下来进行 AppServ 集成环境的测试。

（1）PHP 环境测试。在任意浏览器中输入"localhost:8080"（此处端口为自己在安装过程中设置的端口）。如果出现图 2-6 所示的页面，说明 PHP 已经安装成功。在此处可以查看 PHP 及 MySQL 版本等信息。

（2）phpMyAdmin 可视化界面测试。在图 2-6 所示页面中单击"phpMyAdmin Database Manager Version 4.9.1"超链接，进入 MySQL 可视化登录页面，如图 2-7 所示。

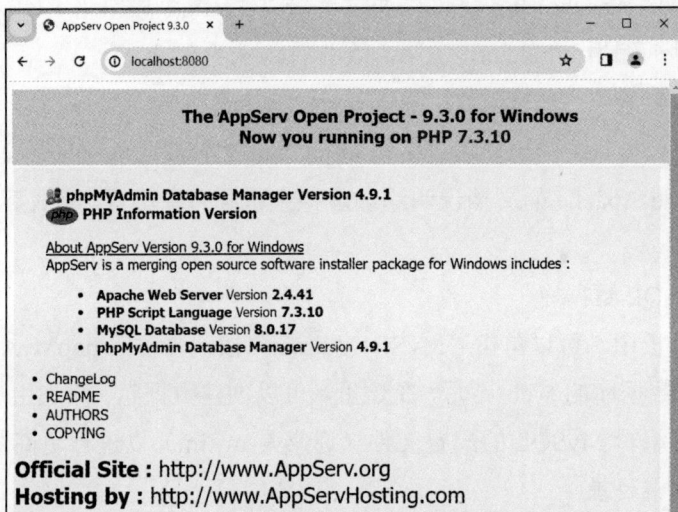

图 2-6 PHP 安装测试成功页面

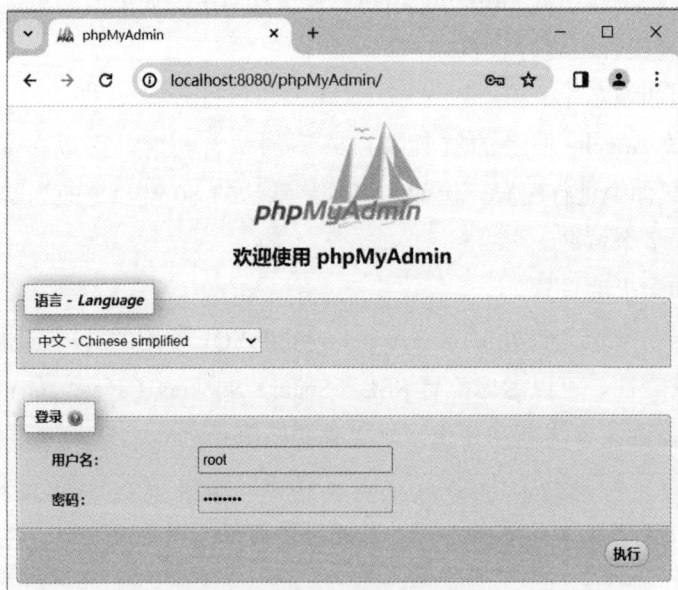

图 2-7 MySQL 可视化登录页面

（3）输入安装时设置的用户名与密码，默认用户名为 root（不区分大小写）。

（4）单击"执行"按钮，可以看到 phpMyAdmin 可视化页面，如图 2-8 所示，说明 MySQL 安装成功。

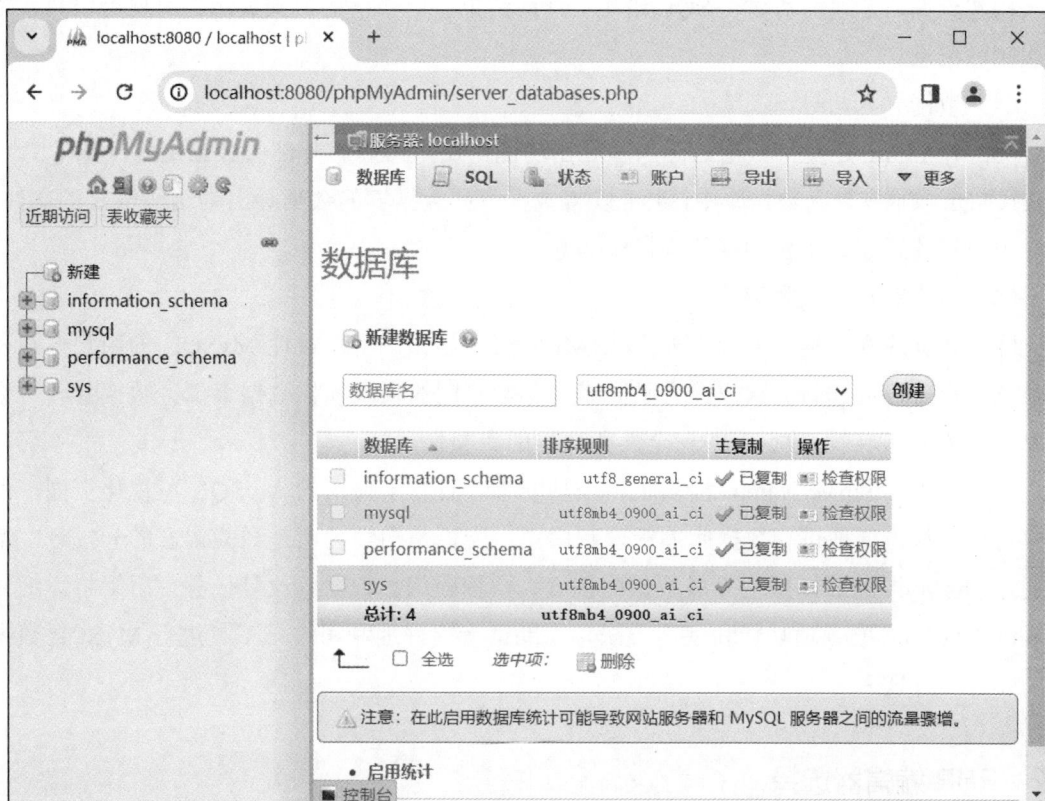

图 2-8　phpMyAdmin 可视化页面

2.1.5　phpMyAdmin 可视化页面概述

在 phpMyAdmin 可视化页面中，用户能够体验到 MySQL 数据库管理系统直观且强大的功能。这个页面设计得十分友好，初学者也能轻松上手，快速进行数据库创建、数据查询、数据修改等操作。

（1）数据库创建

通过 phpMyAdmin，用户可以方便地创建新的数据库。只需在页面中选择"新建"，然后输入数据库的名称、选择合适的字符集和排序规则，即可快速创建一个新的数据库。

（2）数据表管理

在创建数据库之后，用户可以在该数据库中创建数据表。phpMyAdmin 提供了详细的表单来设置数据表的字段、数据类型、长度、是否允许为空等属性。此外，用户还可以为数据表添加索引，以优化其查询性能。

（3）数据查询与编辑

phpMyAdmin 提供了一个强大的 SQL 查询器，用户可以在其中输入 SQL 语句来查询或修改数据。同时，它支持可视化的查询构建器，用户可以通过选择字段、设置条件等方式来构建查询，无须手动编写 SQL 语句。查询结果会以表格的形式展示，用户可以直接编辑或删除记录。

（4）数据导入与导出

phpMyAdmin 还支持数据的导入和导出功能。用户可以将外部的数据文件（如 CSV、Excel、SQL 文件）导入数据库中，也可以将数据库或数据表的数据导出为这些格式的文件。这对于数据的迁移、备份和恢复等操作非常有用。

（5）用户账户与权限管理

除了数据库和数据表的操作外，phpMyAdmin 还允许用户管理 MySQL 的用户账户和权限。用户可以创建新的账户、为不同账户分配不同的权限（如数据查询、数据修改、数据库创建等），以确保数据库的安全性和数据的完整性。

总的来说，phpMyAdmin 提供了一个功能强大且易于使用的 MySQL 可视化页面，使用户可以更加方便地进行数据库的管理和操作。无论是初学者还是经验丰富的开发者，都能通过 phpMyAdmin 高效地完成数据库创建、数据查询、数据修改等任务。后续将详细介绍 phpMyAdmin 的各项功能和使用方法，帮助读者更好地利用这一工具进行 MySQL 数据库的管理和开发。

2.2 PHP 编辑器选择

在 PHP 程序的开发过程中，选择一款适合自己的编辑器是至关重要的。一个优秀的编辑器可以极大地提高工作效率，帮助用户更加高效地完成开发任务。

市面上存在众多的编辑器，从简单的文本编辑器到功能强大的 IDE，应有尽有。然而，并不是所有的编辑器都适合进行 PHP 程序开发。因此，用户需要根据自己的需求和习惯，选择一款适合自己的编辑器。

首先，一个好的 PHP 编辑器应该具备语法高亮功能。语法高亮功能可以帮助用户更加清晰地看到代码的结构和语法，减少错误的产生。同时，它还能够让代码看起来更加美观，改善用户的编程体验。

其次，编辑器应该支持自动完成和代码片段功能。自动完成功能可以根据用户输入的前几个字符，自动提示可能的代码选项，从而加快编程速度。而代码片段功能则可以帮助用户快速插入常用的代码块，提高编程效率。

此外，一个好的 PHP 编辑器还应该具备调试功能。调试功能可以帮助用户定位和解决代码中的错误，提高代码的稳定性和可靠性。利用调试功能，用户可以查看变量的值、执行流程等信息，从而更好地理解代码的运行过程。

除了以上几点，还有一些其他的因素需要考虑，如编辑器的界面设计、性能、扩展性等。一个好的界面设计可以让编程过程更加顺畅和愉悦；而优秀的性能和扩展性则可以保证编辑器的稳定性和可扩展性，满足用户不断增长的需求。

选择一款适合自己的 PHP 编辑器对提升工作效率和编程体验至关重要。用户应该根据自己的需求和习惯，综合考虑编辑器的各项功能和特点，选择最适合自己的编辑器。同时，用户也需要不断地学习和尝试新的编辑器，以适应不断变化的技术环境和开发需求。

2.2.1　PHP 编辑器选择因素

在选择 PHP 编辑器时，个人具体需求应作为首要考虑因素，这包括但不限于项目规模、编程风格以及期望从编辑器中获得的支持等。综合考虑这些因素，能够选择出最适合自己的编辑器，从而提高编程效率和代码质量。

通常选择 PHP 编辑器时会考虑以下 4 个因素。

（1）功能需求层面，编辑器需贴合用户的实际需求。举例来说，若用户追求高效的代码自动补全、调试功能以及版本控制系统的整合，PhpStorm 无疑是一个值得考虑的选项。若用户更青睐轻量级且跨平台的编辑器，Sublime Text 或 Visual Studio Code 则可能是更合适的选择。

（2）易用性方面，编辑器的界面设计和用户体验也很重要。选择一个界面简洁、易于操作的编辑器，将有助于提升编程效率。

（3）社区支持。选择一个有活跃社区支持的编辑器，意味着用户可以更容易地找到解决问题的办法以及学习新的编程技巧。

（4）价格因素。众多编辑器中，部分产品为免费提供，部分产品需支付费用。在决定选择何种编辑器时，应综合考量个人预算及实际需求，以选出最符合自身情况的编辑器。

2.2.2　常用的 PHP 编辑器

（1）PhpStorm 作为一款功能全面的 PHP 集成开发环境，其显著特点在于拥有强大的代码自动补全功能、代码快速导航功能、调试器以及版本控制系统的深度集成。此外，PhpStorm 还配备了一系列精心设计的工具和功能，这些工具和功能能够帮助开发者提升开发效率并保障代码质量。

（2）Sublime Text 是一款轻量但功能全面的文本编辑器，具备出色的代码高亮显示、自动补全、代码片段功能以及插件系统。它支持跨平台操作，拥有一个活跃的社区，为用户提供了丰富的插件和主题。

（3）Visual Studio Code 作为一款免费的、跨平台的代码编辑器，凭借强大的代码自动补全功能、语法高亮功能、内置的调试器以及丰富的扩展插件，受到了广大开发者的青睐。它不仅支持 PHP，还兼容多种其他编程语言，为用户提供了极大的便利。同时，Visual Studio Code 与 Git 等版本控制系统实现了良好的集成，进一步提升了开发效率与协作体验。

（4）Atom 是一个开源且免费的文本编辑器，拥有庞大的插件生态系统，为开发者提供了广阔的定制与扩展空间。它不仅支持 PHP，还兼容多种其他编程语言，能够满足用户多元化的编程需求。通过安装各种插件，用户能够进一步增强 Atom 的功能，以提升工作效率。

（5）NetBeans 是一款免费、开源的集成开发环境，支持 PHP 和其他 Web 技术。该集成开发环境拥有出色的代码自动补全功能、强大的调试器，还能与版本控制系统实现无缝集成，旨在提高开发者的工作效率。

（6）Dreamweaver 简称 DW，中文名称为"梦想编织者"，最初由美国 Macromedia 公司开发，2005 年被 Adobe 公司收购。这是一款集网页制作和网站管理于一身的、所见即所得的网页代码编辑器。

以上这些编辑器都是不错的选择，读者可以根据自身需求和喜好进行选择。

2.3 第一个 PHP 程序的开发与运行

接下来，将通过 Sublime Text 编辑器进行 PHP 程序的开发与运行。

（1）打开 Sublime Text 编辑器，选择"文件">"新建"，输入程序源代码，如图 2-9 所示。

2-1 第一个 PHP 程序的开发与运行

图 2-9 在 Sublime Text 编辑器中输入源代码

（2）保存文件，此处保存在 D:\AppServ\www 下，并将文件命名为 diyige.php。源代码如下。

```
<html>
<head>
<meta http-equiv="Content-Type" content="text/html; charset=utf-8" />
<title>第一个 PHP 程序</title>
</head>
<body>
<?php
    echo "这是我的第一个 PHP 程序<br>";//输出"这是我的第一个 PHP 程序"
 ?>
</body>
</html>
```

（3）打开任意浏览器并输入"localhost:8080/diyige.php"，按 Enter 键，程序运行结果如图 2-10 所示。

图 2-10　运行结果

2.4　PHP 四大目录

2-2　PHP 四大目录解析

在完成 Web 开发环境的搭建后，系统会在默认路径下自动生成一个名为 AppServ 的文件夹。此文件夹内包含 4 个子目录，依次为 Apache、MySQL、php 以及 www，如图 2-11 所示[1]。此外，还有一个名为 Uninstall-AppServ[2] 的可执行文件，用于卸载 AppServ。

图 2-11　PHP 四大目录

1　本书具体安装环境下为 Apache24、php7。
2　本书具体安装环境下为 Uninstall-AppServ9.3.0。

接下来对这 4 个子目录进行详细介绍。

（1）Apache 子目录：Apache 服务器的重要组成部分，负责存储和显示服务器的关键配置选项。此目录中包含至关重要的 conf 配置文件和 logs 日志文件。需要特别指出的是，conf 文件夹下的 httpd.conf 文件允许用户修改端口号、根目录等核心设置。强烈建议不要修改此子目录，以免对已经搭建好的 Web 开发环境造成破坏。为了保障服务器的稳定运行和安全性，请务必谨慎操作。

（2）MySQL 子目录：作为数据库管理系统，存储关键的数据库文件。在此目录下，有一个名为 data 的文件夹尤为重要。请读者务必留意，未来创建的所有数据库文件均可在其中找到。因此，若需备份或迁移数据库文件，可通过 data 文件夹进行操作。

（3）php 子目录是 PHP 的存储路径，其中包含众多内置函数库，这些库文件均存放在该子目录下的 ext 文件夹中。例如，为了实现前台页面访问后台 MySQL 数据库的功能，需要在 php.ini 文件中进行相应的设置。

（4）在 Web 开发中，www 子目录通常被用作存放所有静态和动态网页文件的根目录。在这个目录下，可以找到构成网页的所有程序文件，包括图片文件、CSS 样式文件等。通常，图片文件会被放置在名为 image 的文件夹中，而 CSS 样式文件则会被放置在名为 CSS 的文件夹中。

温馨提示　www 目录不仅是静态和动态网页文件的存放地，也是程序运行的根目录。这意味着，在编写代码时，需要确保所有文件的路径都是相对于 www 目录来设定的。当然，根据个人或项目的实际需求，也可以重新设置默认目录的位置。

本章小结

本章主要介绍了 Web 开发环境配置、PHP 编辑器选择以及 PHP 四大目录。

（1）Web 开发环境配置包括 PHP 典型开发环境，AppServ 集成环境安装、配置、测试以及 phpMyAdmin 可视化页面概述等内容。

（2）PHP 编辑器选择包括 PHP 编辑器选择因素以及常用 PHP 编辑器等内容。

（3）PHP 四大目录分别是 Apache、MySQL、php 以及 www。本章详细讲解了每个目录在 PHP 项目中的作用和重要性，以便读者更好地组织和管理 PHP 项目。

通过本章的学习，读者应该能够对 Web 开发环境有一个全面的了解，并掌握如何搭建和配置一个稳定、高效的 Web 开发环境。这将为后续的 Web 开发工作打下坚实的基础。

本章习题

一、选择题

1. 在 Web 开发环境中，以下哪个不是必要的组成部分？（　　）

　　A．操作系统　　　　B．Web 服务器　　　C．数据库　　　　D．文本编辑器

2.（多选）AppServ 是一个集成环境，它主要集成了哪些软件？（　　）

　　A．Apache　　　　　B．Nginx　　　　　C．MySQL　　　　　D．PHP

3. 关于 AppServ 集成环境，以下哪个描述是正确的？（　　）

　　A．AppServ 仅适用于 Windows 操作系统

　　B．AppServ 集成了 Apache、MySQL 和 PHP，但不包括 phpMyAdmin

　　C．使用 AppServ 可以简化 Web 开发环境的搭建过程

　　D．AppServ 不包含任何数据库系统

4. 在使用 AppServ 搭建 Web 开发环境时，以下哪项不是必要的步骤？（　　）

　　A．安装 AppServ 软件包　　　　　　B．配置 Web 服务器和数据库

　　C．手动安装 PHP 解释器　　　　　　D．设置环境变量

5. 在搭建 Web 开发环境时，以下哪项不是需要考虑的因素？（　　）

　　A．软件的稳定性　　　　　　　　　　B．软件的性能

　　C．软件的价格　　　　　　　　　　　D．软件之间的兼容性

二、判断题

1. 在 PHP 开发环境中，Apache 服务器是唯一的 Web 服务器软件选择，其他服务器软件无法支持 PHP 运行。（　　）

2. 在 PHP 项目中，根目录通常不用于存放项目的核心代码和逻辑。（　　）

3. 在 PHP 环境中，www 子目录通常作为 Web 服务器的根目录，存放网站源码文件。（　　）

三、简答题

1. 请解释什么是 AppServ 集成环境，并说明其对 PHP 初学者有什么好处。

2. 简述搭建 PHP 开发环境的基本步骤。

3. 写一个简单的 PHP 程序，验证 PHP 开发环境是否搭建成功。

本章实训

一、实训目的

熟练掌握 AppServ 集成环境的搭建流程，理解 Web 开发环境的各个组成部分，并通过

实践操作提高解决实际问题的能力。具体目的如下。

1. 掌握 AppServ 集成环境搭建流程：熟悉并掌握下载、安装、配置 AppServ 集成环境的完整流程。

2. 理解 Web 开发环境组件：深入理解 Web 服务器（如 Apache）、数据库（如 MySQL）和 PHP 编程语言在 Web 开发中的作用和配置方法。

3. 提高实际操作能力：通过实际搭建开发环境，提升动手能力和实际操作水平，为未来从事 Web 开发工作打下基础。

4. 培养问题解决能力：在实训过程中，可能会遇到各种问题，通过解决这些问题，培养问题解决能力和应变能力。

5. 为职业发展做准备：通过实训，能够更好地为未来的职业发展做准备，提高自己在 Web 开发领域的竞争力。

二、实训要求

查阅相关资料，充分了解 Web 程序设计流程后，配置开发环境。使用软件压缩包或者自行从官网下载合适的软件完成系统的安装及配置。

三、实训步骤

1. 下载并安装 AppServ

（1）访问 AppServ 官方网站或可信的软件分发平台，下载最新版本的 AppServ 安装包。

（2）双击安装包文件，按照提示完成安装过程。

2. 配置 AppServ 环境

（1）启动 AppServ 面板，配置 Apache 服务器和 MySQL 数据库。

（2）设置端口号、数据库用户名和密码等必要参数。

3. 验证环境配置

（1）确保 Apache 和 MySQL 服务正常启动。

（2）使用浏览器访问默认网页，检查服务器是否正常工作。

4. 进行 PHP 开发实践

（1）创建一个简单的 PHP 脚本文件，如 hello.php，并在其中编写输出"Hello,World!"的代码。

（2）将文件放置在 AppServ 的根目录下（通常是 D:\AppServ\www）。

（3）在浏览器中访问该文件（如 http://localhost/hello.php），查看输出结果。

四、实训注意事项

1. 确保软件来源可靠。在下载 AppServ 安装包时，确保从官方网站或可信的软件分发平台下载，以免遭受恶意软件的攻击。

2. 注意安全配置。在配置 AppServ 环境时，注意设置强密码和其他安全参数，确保服务器的安全性。

3．备份重要数据。在实训过程中，定期备份重要数据和配置文件，以避免意外丢失。

4．遇到问题及时求助。在实训过程中遇到问题时，及时向老师、同学或其他有经验的人求助，避免问题积累而导致无法完成实训任务。

5．保持耐心和细心。搭建 Web 开发环境需要保持耐心和细心，按照步骤进行操作，遇到问题不要慌张。

第 3 章　PHP 基础语法

PHP 是一种服务器端脚本语言，而 HTML、CSS、JavaScript 则在浏览器中运行。通常，我们将浏览器端的网页设计称为 Web 前端开发，将服务器端的程序开发称为 Web 后台编程。学习 PHP 的基础语法是进行 PHP 编程的第一步。PHP 语法融合了 C 语言、Java 和 Prel 的特点，具有一定的灵活性，与其他编程语言存在一定差异。

【本章知识结构】

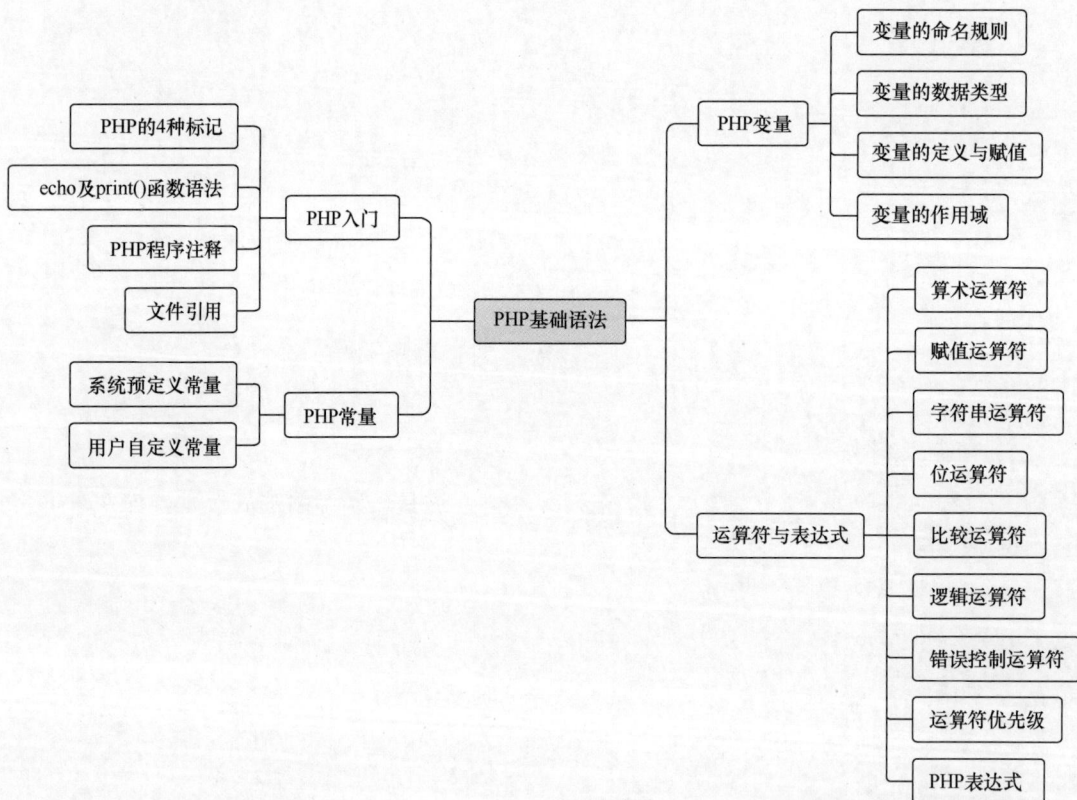

```
                    ┌── PHP的4种标记 ──┐
                    ├── echo及print()函数语法 ──┤
                    │                           ├── PHP入门 ──┐
                    ├── PHP程序注释 ──┤                       │
                    └── 文件引用 ──┘                          │
                                                              ├── PHP基础语法 ──┤
                    ┌── 系统预定义常量 ──┐                    │
                    └── 用户自定义常量 ──┤── PHP常量 ──┘      │
```

PHP变量
- 变量的命名规则
- 变量的数据类型
- 变量的定义与赋值
- 变量的作用域

运算符与表达式
- 算术运算符
- 赋值运算符
- 字符串运算符
- 位运算符
- 比较运算符
- 逻辑运算符
- 错误控制运算符
- 运算符优先级
- PHP表达式

【本章学习目标】

1．熟悉 PHP 的 4 种标记。

2．掌握 PHP 基础语法。

3．熟练运用常量与变量。

4．精通运算符与表达式的使用。

3.1 PHP 入门

PHP 作为一款流行的服务器端脚本语言，最初是为创建动态网页而设计的，但如今已经发展成功能强大的全栈开发语言。PHP 语法简单易懂，学习曲线平缓，初学者也可快速上手。本节将介绍 PHP 的基础知识，包括 4 种标记、echo 和 print()函数语法、PHP 程序注释以及文件引用等内容，帮助读者建立对 PHP 编程的初步认识。

3.1.1 PHP 的 4 种标记

PHP 是一种可嵌入 HTML 中的脚本语言，广泛应用于网页开发领域。PHP 代码通常被包裹在特定的标记中，这些标记告诉服务器哪些内容需要由 PHP 解释器处理。PHP 代码主要由两部分构成：HTML 代码，其中可以包含 CSS 和 JavaScript 代码；服务器脚本，位于 PHP 标记之间的代码。PHP 标记共有 4 种风格，包括 XML 风格标记、简短风格标记、脚本风格标记以及 ASP 风格标记。

（1）XML 风格标记

此种标记方式以 "<?php" 作为起始分界符，以 "?>" 作为结束分界符，是 PHP 中最为常见且标准的嵌入方式。笔者强烈推荐开发者采用此种方式编写代码。运用此种写法的代码在跨平台使用时，能够显著减少潜在的问题和困扰。之所以如此推荐，是因为这种风格的代码在服务器端引擎中不会被禁用，同时它也可以在 XML 和 HTML 环境中得到应用。在实际的开发过程中，为了确保代码的稳定性和广泛的兼容性，建议使用完整的 "<?php" 和 "?>" 标记。

（2）简短风格标记

此种标记方式使用 "<?" 与 "?>" 作为分界符，这是一种缩略形式，需确保在 php.ini 配置文件中将 short_open_tag 参数设定为 On（PHP 5 默认启用），否则编译器将不会对其进行解析。

（3）脚本风格标记

此种标记方式使用分界符 "<script language="php">" 和 "</script>" 来标记 PHP 脚本。这与 JavaScript 的标记方式非常相似，也与 VBScript 的嵌入风格类似。

不建议用此方式,因为使用<script language="php">这种方式来嵌入 PHP 代码并不符合

PHP 的标准，也不被现代 Web 开发社区所接受。这种做法可能导致兼容性问题，特别是在现代的 Web 服务器和配置中。此外，它还可能混淆开发者，因为<script>标记通常用于客户端脚本语言，而不是服务器端脚本语言。

（4）ASP 风格标记

这种标记方式以"<%"和"%>"为分界符。这是一种遵循 ASP 风格的嵌入方式，为了使其正常工作，必须在 php.ini 配置文件中将 asp_tags 参数设置为 On，否则，编译器将不会识别并处理这种嵌入方式。出于项目维护性和代码可读性的考虑，请谨慎使用这种方式。因为当 PHP 代码与 ASP 源代码混合时，可能会带来调试和维护上的困难。

提示　　在编写 PHP 程序时，最优策略是先处理好纯 HTML 格式的文件，然后在需要变量或进行其他处理的地方引入 PHP 程序，这样可在开发过程中显著提高工作效率。

说明　　PHP 语句声明之间要用英文分号隔开。

3.1.2 echo 及 print()函数语法

在 PHP 编程语言中，存在两种官方认可的、用于输出内容到浏览器或控制台的方法，即 echo 和 print()函数。

3-1　echo 及 print()函数语法

（1）echo

echo 是一种语言结构，能够输出单个或多个字符串至浏览器页面。在实际应用中，echo 后面加上括号或不加，如 echo 或 echo()，均能达到预期效果。若需通过 echo 传递多个参数至浏览器，开发者需使用单引号或双引号将参数引起来。

下面通过一个示例介绍 echo 的基本用法。

【例 3-1】echo 示例。

```php
<?php
$str = "How are you! ";
echo $str;
echo "<br />";
echo $str."<br />I'm  fine, thank you! ";
?>
```

程序运行结果如图 3-1 所示。

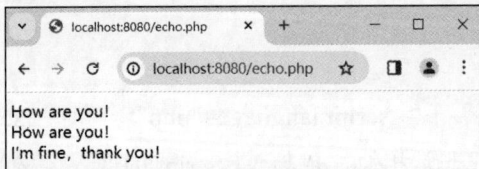

图 3-1　运行结果

（2）print()函数

print()函数用于将字符串输出至终端，可带括号，也可不带括号，如 print 或 print()。print()函数与 echo 具有相似的功能，能在多数情况下实现相同的效果，但二者之间仍存在一定的差异。

① echo 可以输出多个字符串，print()函数只能输出一个字符串。

② echo 的输出速度比 print()函数快。

③ echo 没有返回值，print()函数有返回值。

【例 3-2】print()函数示例。

```php
<?php
print "Hello world!";
?>
```

程序运行结果如图 3-2 所示。

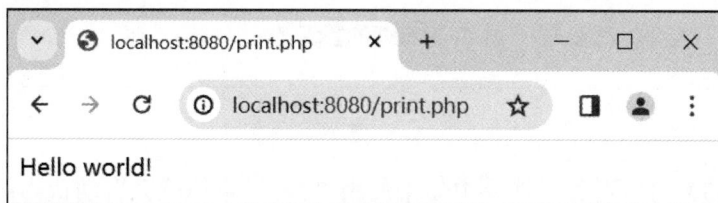

图 3-2　运行结果

3.1.3　PHP 程序注释

在编程实践中，为了确保代码的可读性和可维护性，可以为代码添加注释。注释是对代码的解释和说明，它在程序运行时不会被执行，同时在浏览器中也不会显示。

在 PHP 编程语言中，存在两种常用的注释：单行注释和多行注释。

单行注释可以通过"//"或"#"来实现。其中，"//"注释是从 C++语法中借鉴而来的，它只能注释掉其后的同一行内容；"#"则是 UNIX Shell 语言风格的注释符，同样只能注释掉其后的同一行内容。

对于多行注释，PHP 采用了与 C 语言相同的注释符，即"/*"和"*/"。在这两个符号之间的所有内容都将被视为注释，不会被执行。

> **提示**　在使用单行注释时，注释内容中应避免出现"?>"。这是因为，对 PHP 解释器来说，"?>"是一个特殊的标志，它表示 PHP 脚本的结束。如果在注释中误用了这个标志，解释器可能会错误地将其后的内容当作 PHP 代码来执行，从而引发不可预知的错误。

下面通过一个程序注释示例看看注释中有"?>"会出现什么情况。

【例 3-3】程序注释示例。

zhushi.php 源代码如下。

```
<meta http-equiv="Content-Type" content="text/html; charset=utf-8" />
<html>
<head>
<title>注释示例</title>
</head>
<body>
<?php
    echo "这是你的答案吗!!!" //不是我的答案?>是我要的答案
?>
</body>
</html>
```

程序运行结果如图 3-3 所示。

图 3-3　运行结果

通过【例 3-3】可以看到，注释中如果使用"?>"，系统就会自动认为第一个"?>"后的内容不是注释，并将其当作静态普通字符照原样输出。

程序注释的作用主要体现在两个方面。

首先，注释能够提升程序的可读性，使其他人能够通过注释理解程序的功能和结构。其次，注释有助于程序的调试。

举例来说，当一个工程项目将软件分为 4 个功能模块，并分配给 A、B、C、D 4 个小组分别开发时，总工程师在联合调试阶段，可以通过对各个模块进行注释控制来实现高效的调试。在调试 A 模块时，将 B、C、D 3 个模块注释掉，使这 3 个模块不被执行；相应地，在调试 B 模块时，将 A、C、D 3 个模块注释掉。这种方法显著提高了调试的效率。

3.1.4　文件引用

为了提升代码的可重用性，可以将一段通用代码保存为一个独立文件，并在需要应用该代码的文件中，通过引入文件来实现对其的引用。此举有助于节省时间，提高工作效率。在 PHP 中，可使用 require()函数和 include()函数来实现文件引用。

（1）require()函数

require()函数的语法格式：require("被引用文件名")。

该函数通常置于 PHP 程序的开头，PHP 程序在执行之前，会优先读取并引入 require()函数指定的文件，使其成为 PHP 程序的一部分。通过此方法，可以将常用函数引入网页中。

（2）include()函数

在 PHP 编程中，include("被引用文件名")通常应用于流程控制的处理部分。当 PHP 程序网页读到 include 指令时，才会将指定文件读取并合并到当前程序中。这种方式有助于简化程序执行过程中的流程控制。

【例 3-4】文件引用示例。

（1）建立一个主程序，命名为 zhu.php。

3-2【例 3-4】

```
<meta http-equiv="Content-Type" content="text/html; charset=utf-8"/>
<!--文件 zhu.php: PHP 的引用-->
<html>
   <head>
       <title>PHP 文件的引用</title>
   </head>
   <body>
      <?php
    echo "我是主程序"zhu.php"输出的! <br>";
      include ("include.xj");
            //引用同目录下名为"include.xj"的 PHP 文件
      ?>
   </body>
</html>
```

（2）建立子程序，命名为 include.xj。

```
<meta http-equiv="Content-Type" content="text/html; charset=utf-8"/>
<!--文件 include.xj: 被"zhu.php"文件所引用-->
<?php
   echo "我是子程序,这是从"include.xj"文件中输出的! ";
?>
```

程序运行结果如图 3-4 所示。

图 3-4　运行结果

注意　"include.xj"作为被引用文件的标准命名形式，由主文件名"include"与扩展名".xj"构成。在确保被引用文件为文本类型的基础上，用户可自主设定主文件名与扩展名。这种灵活性不仅便于用户更有效地组织和管理项目，还能根据具体的应用场景为文件取一个更具描述性的名称。

3.2　PHP 常量

常量，即在程序执行过程中值始终不变的量，根据来源其可分为系统预定义常量和用户自定义常量两大类。在编程实践中，常量通常直接以字面量的形式进行书写，如数值常量 10、-3.2，以及字符串常量"abc"等。

3.2.1　系统预定义常量

系统预定义常量是系统内部已经定义好的一组特殊值，用户无须自行定义或为其赋值，可直接调用。在 PHP 编程语言中，系统预定义常量是用于表示一些固定值或系统状态的特殊标识符，如表 3-1 所示。通过直接调用这些系统预定义常量，开发者可以更加便捷、高效地进行编程工作。

表 3-1　　　　　　　　　　　　　　系统预定义常量

名称	说明
__FILE__	这个默认常量是 PHP 程序路径以及文件名。若引用文件（include()函数或 require()函数），则在引用文件内的该常量为引用文件名，而不是引用它的文件名
__LINE__	这个默认常量是 PHP 程序所在的行数。若引用文件（include()函数或 require()函数），则在引用文件内的该常量为引用文件的行，而不是引用它的文件行
__DIR__	返回文件所在目录
PHP_VERSION	这个内置常量是 PHP 程序的版本，如 3.0.8-dev
PHP_OS	这个内置常量指执行 PHP 解析器的操作系统名称，如 Linux
TRUE	这个常量是 PHP 中的布尔常量，用于表示逻辑真
FALSE	这个常量是 PHP 中的布尔常量，用于表示逻辑假
E_ERROR	这个常量是一个错误级别常量，表示一个致命错误（fatal error）。遇到致命错误，程序会终止运行
E_WARNING	这个常量是一个错误级别常量，表示一个运行时警告（runtime warning）。这是一种非致命性的错误，即使发生了这样的警告，脚本仍然会继续执行
E_PARSE	这个常量是一个错误级别常量，它表示解析错误（parse error），如缺少分号、括号不匹配等
E_NOTICE	这个常量是一个错误级别常量，它表示一个通知（notice），如访问一个不存在的常量等

说明　在 PHP 编程语言中，以 E_ 开头的常量专门用于界定不同等级的错误报告。这些常量常常搭配 error_reporting()函数使用，该函数的作用是控制向开发者报告哪些错误信息。借助 error_reporting()函数，能够对 PHP 的错误报告级别进行设定，进而明确哪些类型的错误应当被显示出来，或者记录到相应的日志文件中。读者可自行查阅 PHP 官方手册了解相关内容。

【例 3-5】系统预定义常量示例。

```
<html>
<head>
<meta http-equiv="Content-Type" content="text/html; charset=utf-8" />
```

```
<title>系统预定义常量</title>
</head>
<body>
<?php
echo "当前文件路径: ".__FILE__;       //使用__FILE__常量获取当前文件路径
echo "<br>";
echo "当前所在的行数: ".__LINE__;       //使用__LINE__常量获取当前所在的行数
echo "<br>";
echo "当前 PHP 版本信息: ".PHP_VERSION; //使用 PHP_VERSION 常量获取当前 PHP 版本
echo "<br>";
echo "当前操作系统: ".PHP_OS;          //使用 PHP_OS 常量获取当前操作系统
echo "<br>";
echo "当前文件目录: ".__DIR__;          //使用__DIR__常量获取当前文件所在目录
?>
</body>
</html>
```

程序运行结果如图 3-5 所示。

图 3-5　运行结果

3.2.2　用户自定义常量

本小节将详细阐述 define()函数在编程中的实际应用。该函数的主要作用是定义符号常量，并且其对大小写敏感。以下是该函数的具体使用方式：define("常量名","常量值")。

【例 3-6】用户自定义常量示例。

```
<meta http-equiv="Content-Type" content="text/html; charset=utf-8" />
<HTML>
    <HEAD>
        <TITLE>PHP 用户自定义常量</TITLE>
    </HEAD>
    <BODY>
        <?php
            define("COPYRIGHT", "Copyright &copy; 2024, www.gerenwz.com.cn");
            echo COPYRIGHT;
        ?>
    </BODY>
</HTML>
```

程序运行结果如图 3-6 所示。

图 3-6　运行结果

可以看到输出的自定义常量 COPYRIGHT 的值为 Copyright ©2024, www.gerenwz.com.cn。

3.3　PHP 变量

变量是在程序执行期间值能够更改的标识符。PHP 是一种所谓的"弱类型"编程语言，这意味着在赋予变量值时，其数据类型将依据所赋值的实际数据类型来确定。随着变量接收到的数据类型的改变，其数据类型亦会随之调整。值得注意的是，PHP 允许使用变量时不事先声明或定义。

3.3.1　变量的命名规则

PHP 中，变量的名称具有至关重要的作用，对代码的可读性、可维护性以及团队协作的效率会产生直接影响。以下列举了命名 PHP 变量的一些基本规则和推荐方法。

（1）美元符号（$）标识变量：变量名必须以美元符号（$）作为起始标识。若标识符未使用美元符号，系统会将其视作常量或函数名。例如，$count 是合法变量名，而 count 若无特殊定义，可能被当作函数名或常量。

（2）大小写敏感：PHP 对大小写敏感，$A 与$a 会被认定为两个截然不同的变量。这意味着在使用变量时，必须严格注意字母大小写，否则可能导致程序逻辑错误。

（3）有意义命名：为了增强代码的可读性与可维护性，变量名应尽可能准确地描述其用途或所存储的数据内容。例如，用于存放用户年龄的变量，合理命名可为$userAge，这样在阅读代码时，能迅速理解该变量的含义。

（4）规避保留字：PHP 拥有众多保留字，如 if、for、while 等，这些保留字具有特定的语法功能，不能用作变量名。若使用保留字命名变量，会引发语法错误，导致程序无法正常运行。

（5）字符规则与首字符限制：变量名可由字母、数字和下画线组成，但不能以数字开头。例如，$user_name 和$user123 是有效的变量命名方式，而$123user 则不符合规则，属于无效命名。

（6）统一命名风格：在编写代码的过程中，保持变量命名风格的一致性极为关键。这不仅有利于团队成员之间的协作交流，还能显著提升代码的可维护性与可读性。常见的命名风格有驼峰命名法和下画线分隔命名法。对于由多个单词构成的变量名，可采用驼峰命名法，如$userName；或下画线分隔命名法，如$user_name。团队在开发项目时，应提前确定统一的命名风格，并严格遵循。

（7）禁用非法字符：变量名中不能包含空格、特殊字符（@、#、$等，$仅用于开头）、汉字或其他非法字符。使用非法字符会导致变量名不合法，引发程序错误。

遵循上述规则，有助于编写出结构清晰、易于维护与调试的 PHP 代码。而且，良好的命名约定不仅适用于变量，对于函数、类、方法及其他标识符同样重要，统一的命名方式能让整个项目的代码更加规范、易读。

3.3.2　变量的数据类型

PHP 支持 8 种数据类型，包括布尔型（boolean）、整型（integer）、浮点型（或称双精度型，floating point number/double）、字符串（string）、数组型（array）、对象（object），以及特殊数据类型，如资源（resource）和空类型（NULL）。这些丰富的数据类型为开发者打造功能强大且灵活多变的 Web 应用程序提供了有力的支持。

（1）布尔型（boolean）

布尔值用于表示逻辑状态，其中 TRUE 代表逻辑真，FALSE 代表逻辑假。这两个值在比较时均不区分大小写。布尔值在编程中广泛应用于条件控制语句和循环控制语句的条件表达式中，用以决定程序的执行流程。

【例 3-7】布尔型示例。

用 if 语句判断变量 a 的值是否为真，如果为真，则显示"变量 a 的值为真！"，否则显示"变量 a 的值为假！"

```
<meta http-equiv="Content-Type" content="text/html; charset=utf-8" />
<HTML>
<HEAD>
<TITLE>布尔型示例</TITLE>
</HEAD>
<BODY>
<?php
  $a=TRUE;
If($a==TRUE)
    echo '变量a的值为真！';
else
    echo '变量a的值为假！';
?>
</BODY>
</HTML>
```

程序运行结果如图 3-7 所示。

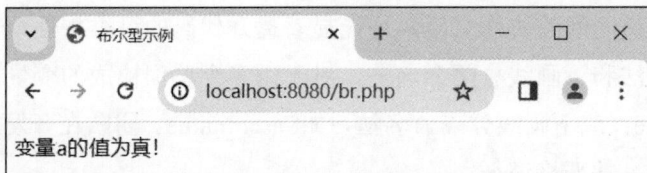

图 3-7 运行结果

（2）整型（integer）

整数可采取十进制、十六进制或八进制形式表示，同时允许在其前面添加正号或负号（+或-）。在使用八进制表示时，需在数字前添加 0（数字 0）作为标识；而在使用十六进制表示时，则需添加 0x 作为标识。

【例 3-8】整型示例。

```
<meta http-equiv="Content-Type" content="text/html; charset=utf-8" />
<HTML>
<HEAD>
<TITLE>整型示例</TITLE>
</HEAD>
<BODY>
<?php
    $str1 = 256;        //十进制变量
    $str2 = 0256;       //八进制变量
    $str3 = 0x256;      //十六进制变量
    echo "数字 256 不同进制的输出结果: <p>";
    echo "十进制的结果是$str1<br>";
    echo "八进制的结果是$str2<br>";
    echo "十六进制的结果是$str3";
?>
</BODY>
</HTML>
```

程序运行结果如图 3-8 所示。

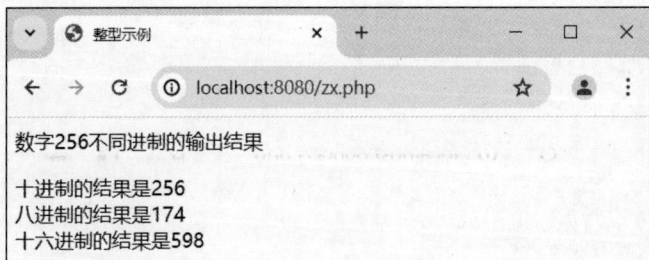

图 3-8 运行结果

（3）浮点型（或称双精度型，floating point number/double）

浮点数即实数（包含小数的数），如 3.4、-2.56。

① $float1=123.66

② $float2=1.666e2   //表示 1.666 乘 10 的 2 次方，为指数形式的浮点数

> 浮点型变量显示所用的十进制数的个数由 php.ini 文件中的 precision 定义，precision 的默认值通常是 14，这意味着在没有特别指定的情况下，浮点数转换为字符串时将保留大约 14 位有效数字。这个数字包括了小数点前的整数部分和小数点后的数字。但这并不意味着一个浮点数只能有 14 位数字，而是在转换为字符串表示时默认保留这么多位。

（4）字符串（string）

字符串即字符序列，由字母、数字或符号组成。需要注意的是，在将字符串赋给变量时，应在字符串头尾添加英文状态的双引号或单引号，如"这是字符串"或'这是字符串'。

定义字符串的方法共有 3 种：单引号、双引号及界定符（3 个小于符号）。双引号与单引号之间的区别在于，双引号包含的变量会自动替换为实际值输出，而单引号包含的变量则以普通字符串形式输出。

在使用界定符输出字符串时，结束界定符须单独起行，且不允许有空格。若界定符前后存在其他符号或字符，将会导致错误。

【例 3-9】字符串示例。

用 3 种方式定义字符串变量并输出，界定符里的 std 是任意命名的，命名为 ddd 也可以，只要符合命名规则就可以。结束界定符必须单独起行，并且不允许有空格，否则会提示语法错误。

```php
<?php
$a="你好! 我是 PHP";
echo "$a"."<br>";              //使用双引号输出变量
echo '$a'."<br>";              //使用单引号输出$a
//使用界定符输出变量
echo <<<std
    $a
std;
?>
```

程序运行结果如图 3-9 所示。

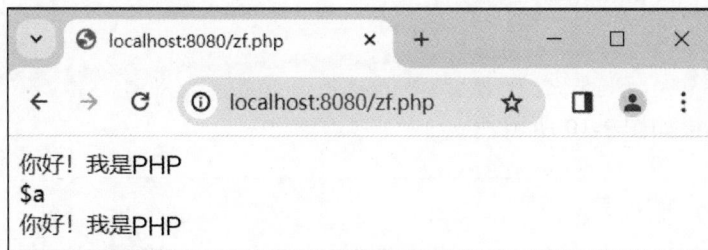

图 3-9　运行结果

（5）数组型（array）

数组作为一种数据集合，将一系列数据有序地组织起来，形成一个便于操作的整体。在数组中，每一个数据被称为一个元素，且每个元素都拥有唯一的标识符，即索引（或称下标）。数组变量可以表现为一维、二维或更高维度的数组，其内部元素类型丰富，包括字符串、整型、浮点型、布尔型，以及数组或对象等。后续将深入探讨数组的相关知识。

（6）对象（object）

在面向对象编程语言中，对象是一种复合数据类型，它代表类的一个实例。值得注意的是，在 PHP 中，默认提供的类数量相对较少。

（7）资源（resource）

资源是 PHP 特有的一种数据类型，用于表示 PHP 外部资源，如数据库访问操作或文件打开与保存操作。PHP 配备了特定函数以支持资源的创建与使用。请注意，资源是一种特殊的数据类型，由程序员分配，并应在不需要时及时释放，以避免占用内存。

（8）空类型（NULL）

在编程语言中，NULL 表示变量尚未被赋予实际值的特殊标识符，且对于 NULL 的大小写并没有特别的限定。变量在以下 3 种情况会被赋予空值：第 1 种，变量在声明后未被赋予任何值；第 2 种，变量被显式地赋值为 NULL；第 3 种，变量经过了 unset() 函数的处理。

【例 3-10】空值类型示例。

```html
<html>
<head>
<meta http-equiv="Content-Type" content="text/html; charset=utf-8" />
<title>空值显示</title>
</head>
<body>
<?php
    $a;                           //没有被赋值的变量
    $b= null;                     //被赋空值的变量
    $c = 8;
    unset($c);                    //使用 unset()函数处理后，$c 的值为空
    echo "a、b、c 的输出结果<br>";
    echo "a 的结果：$a<br>";
    echo "b 的结果：$b<br>";
    echo "c 的结果：$c";
?>
</body>
</html>
```

程序运行结果如图 3-10 所示。

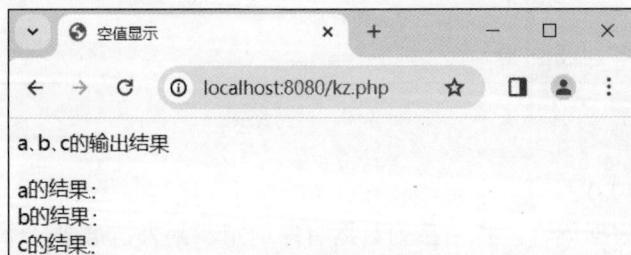

图 3-10　运行结果

3.3.3　变量的定义与赋值

在 PHP 中，变量无须预先进行定义或声明，可直接为其赋值。定义变量的语法为：$变量名=变量的值。例如，$a=6、$b=3.8，其中 a 和 b 分别为整型变量和浮点型变量，并以变量名标识。

给变量赋值，即初始化变量，在 PHP 中有 3 种方法，包括直接赋值、传值赋值及引用赋值。

（1）直接赋值

在 PHP 中，直接赋值是一种非常基础和常见的操作，用于将一个变量的值赋给另一个变量。这种操作通过赋值运算符（=）来完成。

【例 3-11】直接赋值示例。

```php
<?php
$name="hello,how are  you!";
$NAME="hello,my name  is rose!";
$NaME="hello,I'm  your  good friend";

echo "\$name=$name"."<br>";
ECHO "\$NAME=$NAME"."<br>";
EcHo "\$NaME=$NaME"."<br>";
?>
```

程序运行结果如图 3-11 所示。

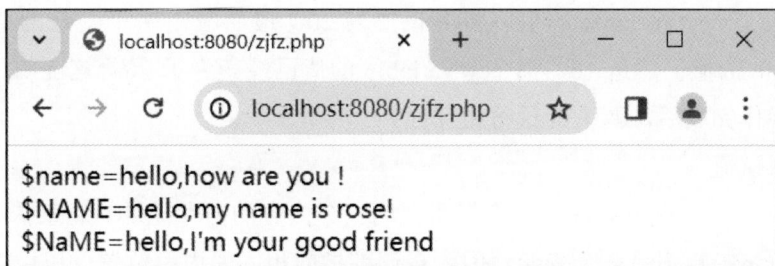

图 3-11　运行结果

该段代码定义了 3 个变量——小写 name、大写 NAME 以及大小写混合的 NaME，并分别赋予了它们不同的字符串。随后，输出这些变量的值。在 echo 输出语法中，第一个带斜线的$name 和等号原样输出，而后面的$name 则直接替换为变量值。其他两项输出与此类似。这里的
表示换行，而"."是连接符。

（2）传值赋值

在 PHP 中，变量赋值可以通过传值赋值（value assignment）来实现。传值赋值意味着将一个变量的值复制到另一个变量中，这两个变量随后将相互独立，对其中一个变量的修改不会影响另一个变量。

【例 3-12】传值赋值示例。

```php
<?php
$originalVariable = 10; //原始变量
$newVariable = $originalVariable; //传值赋值
echo "原始变量的值: " . $originalVariable . "</br>"; //输出原始变量的值: 10
echo "新变量的值: " . $newVariable . "</br>"; //输出新变量的值: 10
$newVariable = 20; //修改新变量的值
echo "修改后原始变量的值: " . $originalVariable . "</br>"; //输出修改后原始变量的值: 10
echo "修改后新变量的值: " . $newVariable . "</br>"; //输出修改后新变量的值: 20
?>
```

程序运行结果如图 3-12 所示。

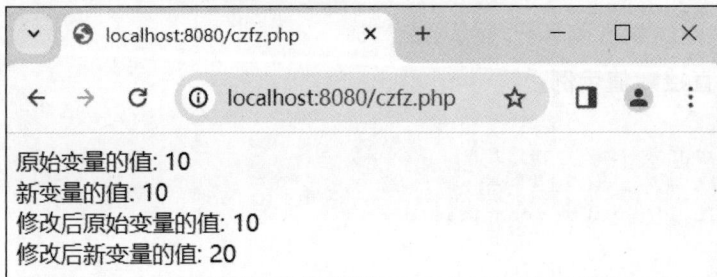

图 3-12　运行结果

在【例 3-12】的代码中，首先创建了一个名为 originalVariable 的变量，并赋值为 10。
然后通过$newVariable=$originalVariable;语句将 originalVariable 的值复制到了 newVariable
中。接着修改了 newVariable 的值，将其设置为 20。最后输出两个变量的值，可以看到
originalVariable 的值仍然是 10，而 newVariable 的值已经变为了 20。这证明了传值赋值的
特点：赋值操作完成后，两个变量将相互独立。

（3）引用赋值

在 PHP 中，引用赋值允许两个变量引用同一个内容的内存地址。这意味着，对其中一
个变量的修改将影响到另一个变量，因为它们都指向相同的内存位置。引用赋值是通过在
变量名前加上一个&符号来实现的。

【例 3-13】引用赋值示例。

```php
<?php
$variable1 = 'Hello';
$variable2 = &$variable1;//引用赋值
echo $variable1. "</br>";//输出 Hello
echo $variable2. "</br>";//输出 Hello
$variable2 = 'World';     //修改 variable2 的值
echo $variable1. "</br>";//输出 World。因为 variable1 和 variable2 引用的是同一个值
echo $variable2. "</br>";//输出 World
?>
```

程序运行结果如图 3-13 所示。

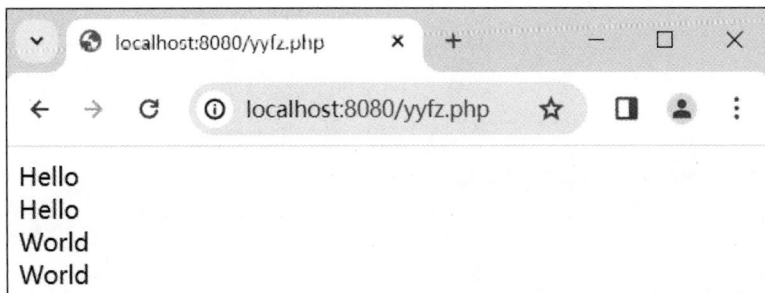

图 3-13　运行结果

在【例 3-13】的代码中，首先创建了一个名为 variable1 的变量，并给它赋了一个字符串值'Hello'。然后使用$variable2=&$variable1;语句将 variable2 设置为 variable1 的引用。这意味着 variable2 现在并不包含自己的值，而是引用了 variable1 的值。

当修改 variable2 的值为'World'时，由于 variable2 是 variable1 的引用，因此 variable1 的值也会相应地改变。所以，当输出 variable1 和 variable2 的值时，都会得到 World。

> 引用必须在赋值时立即创建，而不是在赋值后创建。一旦引用被创建，就不能再改变变量的引用。而且，引用赋值主要用于对象、数组或大型字符串等数据结构复杂的场景，以避免数据复制带来的性能开销。
>
> 此外，引用赋值也会影响到函数的参数传递。如果函数参数通过引用传递，那么在函数内部对参数的修改将影响到外部的原始变量。
>
> 最后，虽然引用赋值在某些场景下可能很有用，但它也增加了代码的复杂性和维护难度。因此，在大多数情况下，应优先使用传值赋值。

3.3.4　变量的作用域

变量的作用域，指的是该变量在程序中的有效使用范围。若不明确变量的作用域，可能会导致程序运行混乱。在 PHP 编程语言中，根据变量作用域的不同，可以将变量划分为 4 种类型，分别是局部变量、全局变量、静态变量以及可变变量。这些类型的划分有助于程序员更好地管理变量，以保证程序的正确性和稳定性。

3-3　变量的作用域

（1）局部变量

在 PHP 中，局部变量是指在函数内部定义的变量。这些变量的作用域仅限于它们被定义的函数内部。一旦离开了这个函数，这些变量就不再可用，因为它们不存在于外部的作用域中。

【例 3-14】局部变量示例。

```
<html>
<head>
<meta http-equiv="Content-Type" content="text/html; charset=utf-8" />
<title>局部变量示例</title>
```

```
</head>
<body>
<?php
function example(){
    $a="hello sun!";     //在自定义函数 example()中定义变量 a
    echo "在函数内部定义的变量a的值为".$a."<br>";
}
example();
$a="hello moon!";            //在函数外部定义变量 a
echo "在函数外部定义的变量a的值为".$a."<br>";
?>
</body>
</html>
```

程序运行结果如图 3-14 所示。

图 3-14　运行结果

在 example()函数内部定义的变量，其有效范围仅限于该函数内部。一旦函数执行完毕，这些变量将自动失去作用。值得注意的是，在函数内部定义的变量和在函数外部定义的变量名称可以相同，但它们的作用域和生命周期不同。

（2）全局变量

全局变量指在函数外部定义的变量，它的作用范围覆盖整个 PHP 文件。也就是说，只要该全局变量在作用域链上处于可见状态，那么在文件内的任何地方（包括函数内部），都能够对其进行访问与修改。不过，一般不提倡在函数内部直接访问全局变量，原因在于这种方式可能致使代码的理解与维护难度增大。相较之下，更优的做法是在函数内部借助 global 关键字来引用全局变量，或者通过函数参数传递变量的值。

【例 3-15】全局变量示例。

```
<?php
$a="hello sun!";            //在自定义函数外部定义变量 a
function example(){         //自定义一个函数，名为 example()
    global $a;             //使用 global 关键字声明并使用在函数外部定义的变量 a
    echo "在函数内部获得的变量 a 的值为".$a."<br>";
}
example();
?>
```

程序运行结果如图 3-15 所示。

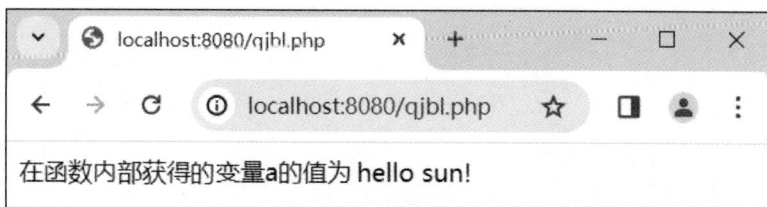

图 3-15　运行结果

在【例 3-15】中，在函数内部、外部均定义了一个名为 a 的变量。然而，在函数内部，变量 a 前添加了 global 关键字，这表明此处变量 a 是一个全局变量。此外，函数外部的 hello sun!被赋给了内部的变量 a。

（3）静态变量

在 PHP 中，静态变量是一种特殊的局部变量，在函数内部通过 static 关键字声明。静态变量在函数被首次调用时初始化，并且在函数调用结束后不会被销毁或释放。它们的值会保留下来，并在下次函数被调用时继续使用。这种特性使静态变量非常适合用于在多次调用函数时保存变化后数据的场景，如用于计数或保存累计数据。

【例 3-16】静态变量示例。

```html
<html>
<head>
<meta http-equiv="Content-Type" content="text/html; charset=utf-8" />
<title>静态变量示例</title>
</head>
<body>
<?php
function example(){
    static $a=6;            //定义静态变量
    $a=$a+1;
    echo "静态变量 a 的值为".$a."<br>";
}
function zhs(){
    $b=10;                  //定义局部变量
    $b=$b+1;
    echo "局部变量 b 的值为".$b."<br>";
}
example();              //第一次执行该函数体
example();              //第二次执行该函数体
example();              //第三次执行该函数体
zhs();                  //第一次执行该函数体
zhs();                  //第二次执行该函数体
zhs();                  //第三次执行该函数体
?>
</body>
</html>
```

3-4 【例 3-16】

程序运行结果如图 3-16 所示。

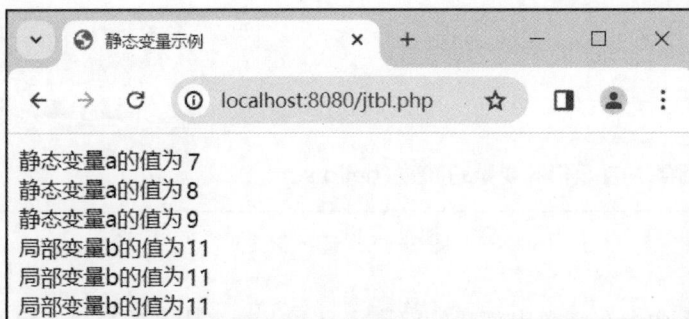

图 3-16　运行结果

在【例 3-16】的代码中，定义了两个子函数 example()和 zhs()。在主程序中，调用了 3 次 example()函数，随后调用了 3 次 zhs()函数。值得注意的是，在 example()函数中，变量 a 前添加了 static 关键字，表明其为静态变量。因此，在首次调用 a 时，使用其初始值 6，执行$a=$a+1 后，值变为 7，输出结果为 7。第二次调用时，使用的是 a 变化后的值 7，再加 1，结果为 8。同理，第三次调用时，结果为 9。而在 zhs()函数中，变量 b 的初始值为 10，加 1 后变为 11。由于 b 并非静态变量，第二次调用时，使用的是其初始值 10，加 1 后仍为 11。因此，3 次调用 zhs()函数的结果均为 11。

静态变量与全局变量不同，其作用域仅局限于声明它的函数内。而与常规局部变量相比，静态变量在函数调用结束后，仍会保留其值，下次调用函数时，将基于上次的值继续运算，而非重新初始化。

使用静态变量时要小心，因为它们可以在函数调用之间保留状态，这可能会出现意料之外的情况，特别是在大型或复杂的项目中。通常，最好的做法是尽量使函数无状态，并通过参数和返回值来传递状态信息。在某些情况下，静态变量提供了一种方便且高效的机制来跟踪函数调用之间的信息。

（4）可变变量

在 PHP 中，可变变量是一种特殊的变量类型，这种变量的名称由另外一个变量的值来确定。这意味着可以使用一个变量的值作为另一个变量的名称。声明方法是在变量名称前加两个"$"。

【例 3-17】可变变量示例。

3-5 【例 3-17】

```php
<html>
<head>
<meta http-equiv="Content-Type" content="text/html; charset=utf-8" />
<title>可变变量示例</title>
</head>
<body>
<?php
$a="hello";            //定义变量
$$a="php";             //声明可变变量，该变量名称为变量 a 的值
echo $a."<br>";        //输出变量 a
```

```
echo $$a."<br>";          //输出可变变量
echo $hello;              //输出变量 hello
?>
</body>
</html>
```

程序运行结果如图 3-17 所示。

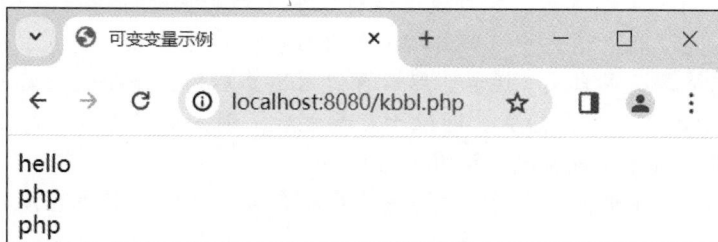

图 3-17　运行结果

在【例 3-17】中，首先定义一个字符型变量 a，并赋值为"hello"。然后执行下一条语句$$a="php";，这里由于$a 的值是"hello"，所以实际上是定义了一个新变量 hello，并赋值为"php"。之后，依次输出$a 和$hello 的值，分别为"hello"和"php"。最后，再次输出变量 hello 的值，结果依旧是"php"。

可变变量在动态构建变量名时非常有用，如在循环语句中创建一系列变量，或者根据某些条件动态地设置变量。然而，它们具有动态性，过度使用可能会导致代码难以理解和维护。因此，在使用它们时应该谨慎，并确保代码的可读性和可维护性。

> 在使用可变变量时，要确保用作变量名的字符串是合法且安全的，以避免潜在的安全问题，如变量被覆盖或未定义的变量错误。

3.4　运算符与表达式

运算符是用于实施特定运算的工具，包含运算符的式子被称为表达式。参与运算的数值称为操作数。PHP 提供的运算符种类繁多，包括七大类：算术运算符、赋值运算符、字符串运算符、位运算符、比较运算符、逻辑运算符以及错误控制运算符。

3.4.1　算术运算符

在 PHP 编程语言中，常见的基本算术运算符包括加法运算符（+）、减法运算符（−）、乘法运算符（*）、除法运算符（/）、取模运算符（求余，%）、自增运算符（++）和自减运算符（−−）。

$a % $b 表示取模运算，即求 a 除以 b 的余数。需要注意的是，除法运算符（/）总是返回浮点数，即使两个操作数都是整数（或由字符串转换成的整数）。此外，当 a 为负值时，取模运算 $a\%$b 的结果也会是负值。

自增、自减运算符用于对变量进行加 1、减 1 操作。例如，给定变量 a，将其赋值为 3，接着执行 $a++，此时变量 a 的值将变为 4。

（1）自增运算符和自减运算符仅限于对变量进行操作，不可应用于常量。

（2）在表达式中，若自增（或自减）运算符前置，即位于变量之前，则先进行自增（或自减）运算，然后再使用运算后的变量值进行其他运算。若自增（或自减）运算符后置，即位于变量之后，则先使用变量当前的值进行运算，再进行自增（或自减）运算。

（3）在单独使用时，自增运算符和自减运算符与变量直接加 1 和减 1 没有区别。

【例 3-18】自增/自减运算符示例。

```html
<html>
<head>
<meta http-equiv="Content-Type" content="text/html; charset=utf-8" />
<title>自增/自减运算符示例</title>
</head>
<body>
<?php
$a=5;
$b=++$a;
echo $a."<br>";
echo $b."<br>";
?>
</body>
</html>
```

3-6 【例 3-18】

程序运行结果如图 3-18 所示。

图 3-18　运行结果

在编写代码时，选择使用前置或后置自增/自减运算符取决于目前需要的是自增/自减之前的值还是之后的值。对于简单的递增/递减操作，前置和后置的效果是相同的，但对于涉及赋值或返回值的复杂表达式，它们之间的区别就变得很明显。

3.4.2　赋值运算符

在 PHP 中，赋值运算符的主要功能是将右侧表达式的值赋给左侧的变量。除了基本的赋值运算符（=）之外，PHP 还提供了一些复合赋值运算符，它们结合了赋值和其他操作，使代码更加简洁。常用的赋值运算符如表 3-2 所示。

表 3-2　　　　　　　　　　　　　　　常用的赋值运算符

符号	说明
=	将右边的值赋给左边的变量
+=	将左边的值加上右边的值后赋给左边的变量
-=	将左边的值减去右边的值后赋给左边的变量
*=	将左边的值乘右边的值后赋给左边的变量
/=	将左边的值除以右边的值后赋给左边的变量
%=	用左边的值对右边的值取余数后赋给左边的变量
.=	将左边的字符串连接到右边

【例 3-19】赋值运算符示例。

```php
<?php
$a = 2;
$a+= 6; //等价于 $a=$a+6，赋值后 a 的值为 8
$b = "Hello ";
$b .= "php!";
echo $a."<br>";
echo $b."<br>";//将 Hello 和 php!连接起来
?>
```

程序运行结果如图 3-19 所示。

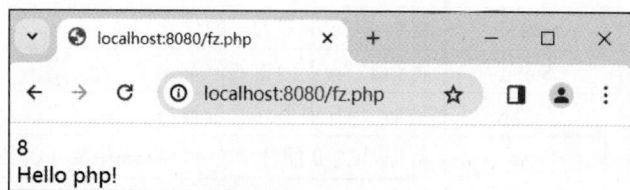

图 3-19　运行结果

3.4.3　字符串运算符

字符串运算符为英文点号 "."，其作用是将字符串结合，形成新字符串，或将字符串与数字结合，此时数字类型将自动转换。例如，$c=$a.$b，该式将 a 与 b 拼接，生成新字符串 c。对于连接赋值运算符（.=），假设有$a.=$b，那么字符串 b 的内容将附加于字符串 a 之后。

【例 3-20】字符串运算符示例。

```php
<?php
$a = "Hello ";
$a.= "World!";
echo $a;
?>
```

程序运行结果如图 3-20 所示。

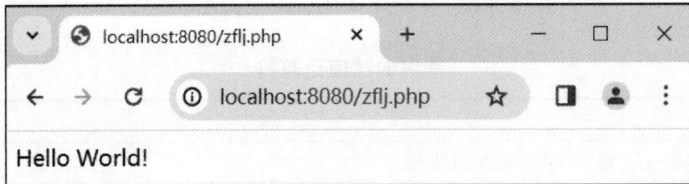

图 3-20　运行结果

在【例 3-20】中，首先定义了一个变量 a，然后为其赋值，最后将新值和原来的值连接并输出。

3.4.4　位运算符

位运算符主要用于处理整型的数据，它们直接对整数的二进制形式进行操作。在 PHP 中，当对字符串使用位运算符时，PHP 会尝试将字符串转换为一个整数（通常是通过取字符串开头的数字部分），然后在这个整数上进行位运算。如果需要对字符串中字符的 ASCII 值进行位运算，需要先显式地将字符转换为对应的 ASCII 整数值，再在这些整数值上进行位运算。位运算符如表 3-3 所示。

表 3-3　位运算符

位运算符	名称	举例	说明
&	按位与	$a&$b	将$a 和$b 中都为 1 的位设为 1
|	按位或	$a\|$b	将$a 或$b 中为 1 的位设为 1
^	按位异或	$a^$b	将$a 和$b 中不同的位设为 1
~	按位非	~$a	将$a 中为 0 的位设为 1，将$a 中为 1 的位设为 0
<<	左移	$a<<$b	将$a 中的位向左移动$b 次（每一次移动都表示"乘 2"）
>>	右移	$a>>$b	将$a 中的位向右移动$b 次（每一次移动都表示"除以 2"）

其中"~"是单目运算符，其他的都是双目运算符。与、或、异或和非的运算规则如下。

（1）与运算（&）：对于每一对相应的二进制位，只有当两个位都为 1 时，结果的该位才为 1，否则为 0。

0 & 0 = 0：两个 0 相与，结果为 0。

0 & 1 = 0：0 和 1 相与，结果为 0。

1 & 0 = 0：1 和 0 相与，结果为 0。

1 & 1 = 1：两个 1 相与，结果为 1。

（2）或运算（|）：对于每一对相应的二进制位，只要有一个位为 1，结果的该位就为 1；只有当两个位都为 0 时，结果的该位才为 0。

0 | 0 = 0：两个 0 相或，结果为 0。

0 | 1 = 1：0 和 1 相或，结果为 1。

1 | 0 = 1：1 和 0 相或，结果为 1。

1 | 1 = 1：两个 1 相或，结果为 1。

（3）异或运算（^）：对于每一对相应的二进制位，如果两个位不相同，则结果的该位为 1；如果两个位相同，则结果的该位为 0。

0 ^ 0 = 0：两个 0 异或，结果为 0。

0 ^ 1 = 1：0 和 1 异或，结果为 1。

1 ^ 0 = 1：1 和 0 异或，结果为 1。

1 ^ 1 = 0：两个 1 异或，结果为 0。

（4）非运算（~）：这是一个一元运算符，用于对整数的每一位取反。通常，它将所有的 0 变为 1，所有的 1 变为 0。

~0 = 1：0 的所有位取反，结果为全 1（在大多数系统中，这通常是最大的整数表示，比如 32 位系统中的 0xFFFFFFFF）。

~1 = 0：1 的所有位取反，结果为全 0。

需要注意的是，非运算（~）的结果取决于整数的大小和系统的位数。在上面的例子中，~0 在 32 位系统中通常等于 0xFFFFFFFF，在 64 位系统中通常等于 0xFFFFFFFFFFFFFFFF。这些值都是全 1 的二进制数，但它们的长度取决于系统的位数。

这些位运算符在编程中非常有用，尤其是在需要直接操作二进制数据的场合，比如硬件编程、加密/解密、数据压缩等。

注意　　在对十进制数进行位运算时要先将其转换为二进制数，然后按上述规则进行计算。

3.4.5　比较运算符

比较运算符用于对比两个操作数。对比结果为布尔值，即便操作数类型不同，也可进行对比。若对比结果为真，则返回 TRUE，否则返回 FALSE。比较运算符如表 3-4 所示。

表 3-4　　　　　　　　　　　　　比较运算符

比较运算符	名称	举例	说明
==	等于	$a==$b	如果$a 等于$b，则为 TRUE，否则为 FALSE
===	全等	$a===$b	如果$a 等于$b，并且它们的类型也相同，则为 TRUE，否则为 FALSE
!=	不等	$a!=$b	如果$a 不等于$b，则为 TRUE，否则为 FALSE
<>	不等	$a<>$b	如果$a 不等于$b，则为 TRUE，否则为 FALSE
!==	非全等	$a!==$b	如果$a 不等于$b，并且它们的类型不同，则为 TRUE，否则为 FALSE

续表

比较运算符	名称	举例	说明
<	小于	$a<$b	如果$a 严格小于$b，则为 TRUE，否则为 FALSE
>	大于	$a>$b	如果$a 严格大于$b，则为 TRUE，否则为 FALSE
<=	小于等于	$a<=$b	如果$a 小于或等于$b，则为 TRUE，否则为 FALSE
>=	大于等于	$a>=$b	如果$a 大于或等于$b，则为 TRUE，否则为 FALSE

> 注意　===是 PHP 4 新增的比较运算符，主要用于类型判断等场景。例如，对于表达式"6"===6，结果为假。

在比较字符串时，PHP 使用字典顺序（基于字符的 ASCII 值）进行比较。对于数组和对象，比较运算符通常会产生不可预测的结果，因此不建议直接使用它们来比较复杂的数据结构。如果需要比较数组或对象，最好使用专门的函数或方法。

需要注意的是，当使用==进行弱类型比较时，PHP 会尝试在比较之前将操作数转换为相同的类型。这可能会导致一些非预期的结果，特别是在涉及数字字符串和整数之间的比较时。为了避免这种情况，建议使用===进行强类型比较，以确保值和类型都匹配。

3.4.6　逻辑运算符

逻辑运算符用于进行两个布尔类型操作数的计算。PHP 中共有 6 种逻辑运算符，包括与（and，&&）、或（or，||）、非（!）、异或（xor），详情如表 3-5 所示。

表 3-5　　　　　　　　　　　　　　　　逻辑运算符

逻辑运算符	名称	举例	说明
and	逻辑与	$a and $b	如果$a 与$b 都为 TRUE，则为 TRUE，否则为 FLASE
or	逻辑或	$a or $b	如果$a 或$b 任意一个为 TRUE，则为 TRUE，否则为 FLASE
xor	逻辑异或	$a xor $b	当$a 和$b 不相同时，则为 TRUE，否则为 FLASE
!	逻辑非	!$a	如果$a 为 TRUE，则!$a 为 FLASE；如果$a 为 FLASE，则!$a 为 TRUE
&&	逻辑与	$a&&$b	如果$a 和$b 都为 TRUE，则$a&&$b 为 TRUE；如果$a 与$b 中有一个为 FLASE，则$a&&$b 为 FLASE
||	逻辑或	$a\|\|$b	如果$a 与$b 中任意一个为 TRUE，则$a\|\|$b 为 TRUE；如果$a 和$b 都为 FLASE，则$a\|\|$b 为 FLASE

【例 3-21】逻辑运算符示例。

```php
<?php
    $a=12;
    $b=6;
    if($a>6&&$b<=10)             //判断$a>6 和$b<=10 是否都为 TRUE
    {
```

```
        echo "是!";              //如果都为 TRUE，输出"是!"
    }
?>
```

程序运行结果如图 3-21 所示。

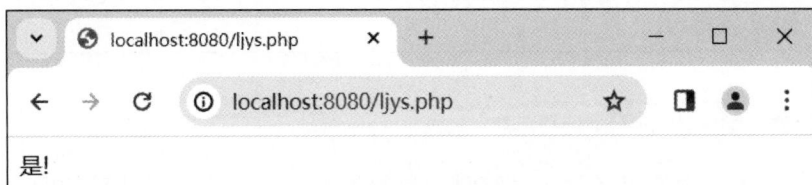

图 3-21　运行结果

> PHP 也支持 and 和 or 作为逻辑运算符，但它们在处理时与&&和||稍有不同。使用 and 和 or 时，如果第一个操作数已经能够确定整个表达式的值，则不会计算第二个操作数。这称为"短路"行为。为了使代码清晰和避免潜在的问题，通常推荐使用&&和||。

3.4.7　错误控制运算符

在 PHP 中，错误控制运算符@用在表达式或函数调用前，以阻止该表达式或函数产生的错误信息被输出或记录到日志中。

使用@运算符通常是为了避免在用户界面中显示错误信息，在编写可能引发错误但仍然希望继续执行的代码时也会使用@运算符。然而，需要注意的是，使用@运算符并不意味着错误不会发生，它只是阻止了错误信息的显示。实际上，错误仍然会发生，并且可能会影响代码的执行流程或结果。

【例 3-22】错误控制运算符示例。

```
<?php
    echo @$a;          //变量 a 未定义，不加@会显示错误信息
    $a="Hello!";
    echo $a;           //输出"Hello!"
    $b=@test();        //忽略调用 test()函数时产生的错误信息
    $con=@mysql_conncet("localhost","username","pwd"); //忽略连接 MySQL 数据库时产生
的错误信息
?>
```

程序运行结果如图 3-22 所示。

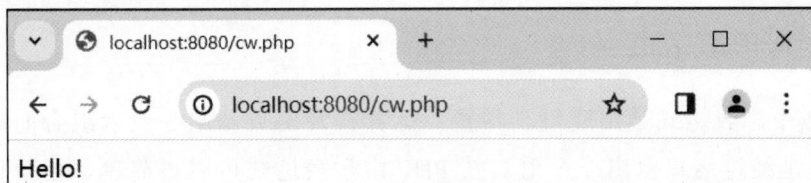

图 3-22　运行结果

61

当程序产生错误时，PHP 会将错误信息输出到页面上，而使用错误控制运算符后就不再显示这些错误信息了。尽管错误控制运算符在某些情况下可能有用，但过度使用它可能会使代码难以调试和维护，因为它会隐藏潜在的问题。在开发过程中，最好启用错误报告，并使用适当的错误处理机制，而不是简单地忽略错误。

3.4.8 运算符优先级

当在一个表达式中使用多种运算符时，运算符的优先级决定了计算的顺序。不同的运算符有不同的优先级，优先级高的运算符会先与操作数结合并进行计算。运算符优先级如表 3-6 所示。

表 3-6   运算符优先级

优先级	由高优先级到低优先级运算符
1	!、~、++、--
2	*、/、%
3	+、-、.
4	<<、>>
5	<、<=、>、>=
6	==、!=、===、!==
7	&
8	^、|
9	&&、||
10	?:
11	=、+=、-=、*=、/=、%=、.=
12	and、xor、or

当表达式中包含多种类型的运算符时，可以根据上述优先级来确定计算顺序。但是，使用括号可以改变计算顺序，程序会先计算括号内的表达式。

3.4.9 PHP 表达式

在 PHP 中，表达式是由变量、常量、运算符及函数调用等要素组合而成的语句片段，其作用是经过运算得出一个值。在 PHP 中，表达式可以很简单，也可以很复杂，包含函数调用、条件语句等。表达式是编程的基本组成部分，用于执行各种计算和逻辑操作。

表达式可以嵌套和组合，以形成更复杂的语句和程序逻辑。在编写 PHP 代码时，了解如何构建和评估表达式是非常重要的。

以下是表达式示例。

算术表达式如下。

```php
$sum = 5 + 3;         //加法
$difference = 8 - 2; //减法
```

字符串表达式如下。

```php
$greeting = "Hello, " . $name;     //连接字符串
$length = strlen($greeting);       //获取字符串长度
```

逻辑表达式如下。

```php
$isPositive = $number > 0;       //大于比较
$isNegative = $number < 0;       //小于比较
$isEqual = $var1 == $var2;       //等于比较（非严格）
$isIdentical = $var1 === $var2;  //恒等比较（值和类型都相同）
```

赋值表达式如下。

```php
$variable = 10;  //简单的赋值
$variable += 5;  //加等赋值，相当于 $variable = $variable+5
```

错误控制表达式如下。

```php
$value=@someFunctionThatMightFail();//使用@运算符来阻止函数可能产生的错误信息
```

本章小结

本章深入讲解了 PHP 编程基础知识，涵盖 PHP 代码规范、基本语法、常量与变量概念，以及运算符与表达式的使用。

（1）介绍了 PHP 代码规范的重要性，以及一些基本的编程规则（如命名约定、注释的编写等）。遵循这些规范可以提高代码的可读性、可维护性和团队合作的效率。

（2）介绍了 PHP 的基本语法，包括数据类型、常量与变量。常量是在程序运行期间值不会改变的量，变量用于存储和引用数据。介绍了如何定义和使用常量与变量，以及它们的作用域。此外，还介绍了变量的类型和类型转换的概念。这些语法知识是构建 PHP 应用程序的基础，读者掌握后可以编写出结构清晰、逻辑严谨的代码。

（3）介绍了 PHP 中的运算符与表达式。运算符用于执行算术、比较和逻辑等运算，表达式由运算符和操作数等组成。掌握各种运算符的优先级和结合性，可以编写出复杂的表达式解决实际问题。

通过本章的学习，读者可掌握以上知识，并为后续深入学习 PHP 和构建 Web 应用程序打下坚实的基础。

本章习题

一、选择题

1．PHP 中的算术运算符不包括以下哪个？（　　）
    A．+   B．-   C．*   D．=

2．以下哪个表达式在 PHP 中的计算结果为 TRUE？（　　）
    A．0 == ""   B．0 == "0"   C．null == ""   D．null == 0

3．在 PHP 中，要获取变量的值，应使用哪个符号？（　　）
    A．$ B．&   C．@   D．#

4．在 PHP 中，以下哪个符号用于声明变量？（　　）
    A．$ B．@   C．#   D．&

5．以下哪个运算符在 PHP 中用于执行算术除法？（　　）
    A．/   B．*   C．%   D．++

二、判断题

1．PHP 中的变量名可以包含空格。（　　）

2．在 PHP 中，常量一旦被定义，其值就不能被改变。（　　）

3．PHP 的注释可以使用"//"或"/* */"来标记。（　　）

4．PHP 的运算符优先级可以通过括号来改变。（　　）

三、简答题

1．简述 PHP 标记。

2．请写出一个符合 PHP 基本语法的、能够输出"Hello, World!"的程序。

3．解释 PHP 中常量和变量的区别，并分别给出常量和变量的示例。

4．编写一个 PHP 表达式，该表达式用于计算两个数的和，然后输出表达式的值。

本章实训

一、实训目的

1．通过对 PHP 代码规范的熟悉，学生能够遵循行业标准和最佳实践，编写出简洁、易读、可维护的 PHP 代码。

2．掌握 PHP 的基本语法，能够编写出基本的 PHP 程序，理解 PHP 的语句结构等，为后续深入学习打下基础。

3．通过对常量与变量的熟练运用，学生能够理解和区分常量与变量，掌握它们在 PHP 程序中的作用和用法，提高编程的灵活性和效率。

4．精通运算符与表达式的使用，熟练掌握 PIIP 中运算符的优先级，正确编写和解读复杂的表达式，提升编程的逻辑性和准确性。

二、实训要求

1．查阅相关资料，上网浏览不同类型的网站，如某某学院官方网站、京东商城等，分析其用到的 PHP 基础知识，综合运用 PHP 基本语法，完成计算器程序以及学生成绩输出程序的编写。

2．通过查阅相关资料和文档，深入理解 PHP 代码规范，并在实训过程中严格遵守。

3．通过编写和调试 PHP 程序，熟练掌握 PHP 的基本语法，并能够解决实际问题。

4．通过实际编程练习，深入理解常量与变量的概念，掌握它们在 PHP 程序中的实际应用。

5．通过编写包含各种运算符和表达式的 PHP 程序，熟悉并掌握它们的用法和特性，提高编程的准确性和效率。

三、实训步骤

1．学习 PHP 代码规范

（1）查阅 PHP 官方文档或相关代码规范教程，了解 PHP 代码的基本规范。

（2）分析并理解规范中的命名约定、缩进规则、注释方式等。

2．学习 PHP 基本语法

（1）通过教材、视频教程或在线课程学习 PHP 的基本语法结构。

（2）理解数据类型等基本概念。

3．了解常量与变量的概念

（1）学习常量与变量的定义、声明和使用方法。

（2）理解常量与变量的作用域。

4．学习运算符与表达式

（1）深入学习 PHP 中各种运算符的优先级、结合性及它们的具体用法。

（2）了解如何构建和解读复杂的表达式。

5．代码调试与优化

（1）在编写代码的过程中，遇到错误或异常时，使用调试工具进行调试。

（2）分析产生错误的原因，修改代码并重新测试，确保代码能够正常运行。

（3）对编写的代码进行性能分析和优化，提高代码的执行效率。

（4）优化代码结构，提高代码的可读性和可维护性。

四、实训注意事项

1．在实训过程中，应重视代码的可读性和规范性，避免编写混乱、难以理解的代码。

2．编写 PHP 程序时，应注意检查语法错误和逻辑错误，确保程序的正确性和稳定性。

3．使用常量与变量时，应明确它们的作用域和作用时间，避免出现作用域的相关问题。

4．使用运算符和表达式时，应特别注意运算符的优先级和结合性，确保表达式的正确计算。同时，对于复杂的表达式，应适当添加注释以提高代码的可读性。

第 **4** 章　流程控制语句

程序流程控制，旨在操控程序的执行路径，通过流程控制语句实现。在编程领域，流程控制语句起着举足轻重的作用，多数程序段依赖其完成，这种逻辑实现的基础源于程序设计的结构化特征。具体而言，结构化程序主要包含 3 种基本控制结构：顺序结构通过语句线性排列逐条执行，选择结构（又称分支结构）依据条件判断控制执行路径，循环结构则对特定操作进行重复执行。这些结构的组织方式与流程控制语句密不可分，共同构成了程序执行路径的完整逻辑框架。

在 PHP 中，程序流程控制语句主要包括条件控制语句和循环控制语句等，这些控制语句可相互嵌套使用。流程控制过程中，可能涉及多条语句，此时，需将多条语句封装为一个代码段。通常，代码段以"{"开头，以"}"结尾，与 C 语言规范相似。PHP 语法要求每个语句后均添加分号，而代码段结束符"}"后无须加分号。

【本章知识结构】

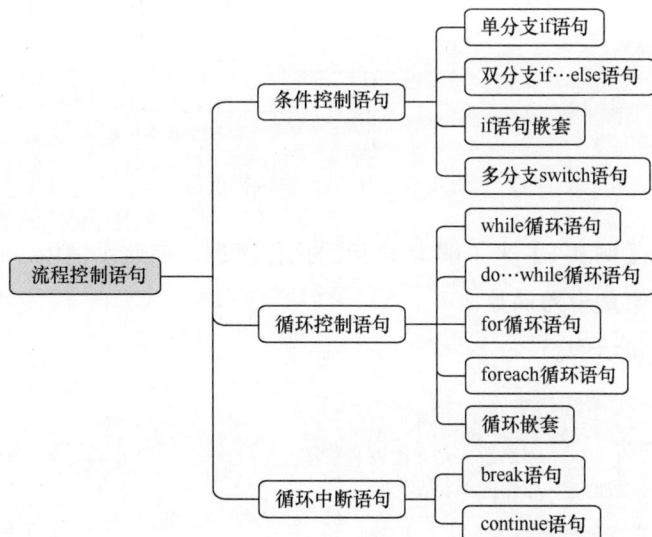

67

【本章学习目标】

1．掌握条件控制语句的使用。

2．掌握循环控制语句的使用。

3．熟悉循环中断语句的使用。

4.1　条件控制语句

条件控制结构用于实现分支结构程序设计，条件控制结构可以使用 if…else 语句或 switch 语句等实现。

4.1.1　单分支 if 语句

if 语句的语法格式如下。

```
if(条件表达式){
    语句块
}
```

说明：当语句块为单条件时可以省略"{}"。

功能：当条件表达式的值为真（TRUE）时，PHP 将执行语句块；否则 PHP 将忽略语句块，直接执行后面的语句。

if 语句的执行流程如图 4-1 所示。

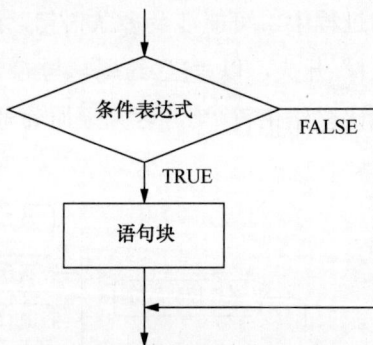

图 4-1　if 语句的执行流程

我们可以通过【例 4-1】来了解 if 语句的执行流程。在此示例中，通过对变量 a 的判断，可以确定 a 的值是否为偶数。

【例 4-1】if 语句示例。

```php
<?php
    $a=10;
    if($a%2==0)        //判断 a 是否能被 2 整除
    echo "a 是偶数";    //输出"a 是偶数"
?>
```

程序运行结果如图 4-2 所示。

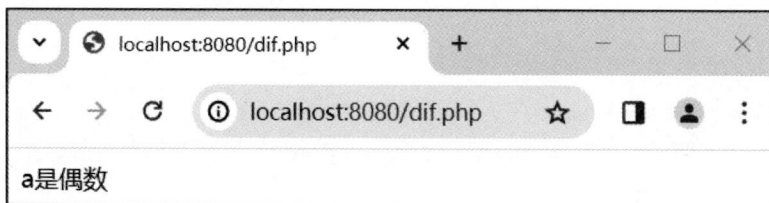

图 4-2　运行结果

4.1.2　双分支 if…else 语句

if…else 语句的语法格式如下。

```
if(条件表达式){
        语句块 1
}else{
        语句块 2
}
```

说明：当语句块 1 或语句块 2 为单条件时可以省略 "{}"。

功能：if…else 语句的功能与 if 语句类似。if…else 语句的条件表达式的值为真（TRUE）时，会执行 if 的本体语句（语句块 1），而条件表达式的值为假（FALSE）时则执行 else 的本体语句（语句块 2）。if…else 语句的执行流程如图 4-3 所示。

在【例 4-2】中，通过对变量 a 的判断，可以确定 a 的值是否为偶数，并据此输出相应的结果。

【例 4-2】if…else 语句示例 1。

```php
<?php
    $a=5;
    if($a%2==0)        //判断 a 是否能被 2 整除
    echo "a 是偶数";    //输出 "a 是偶数"
    else
     echo "a 不是偶数";  //输出 "a 不是偶数"
?>
```

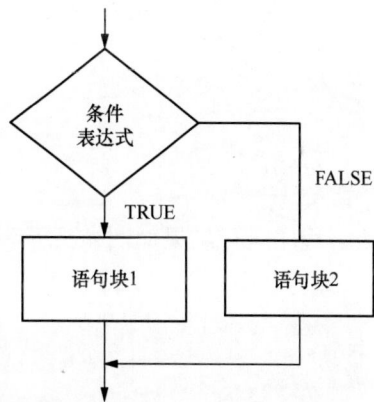

图 4-3　if…else 语句的执行流程

程序运行结果如图 4-4 所示。

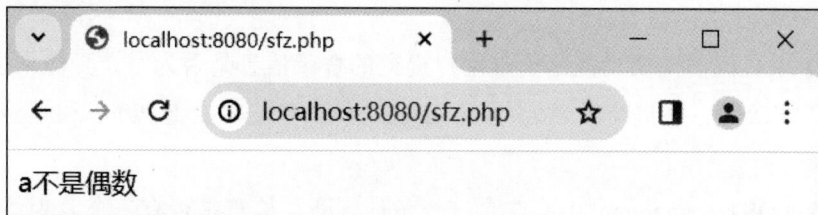

图 4-4　运行结果

69

【例 4-3】if…else 语句示例 2。

程序功能：用 if 语句判断用户提交的登录信息是否为空。

4-1 【例 4-3】

```
<html>
<head>
    <title>登录界面</title>
    <meta http-equiv="Content-Type" content="text/html; charset=
utf-8"/>
</head>
<body>
    <div style="margin-top: 250px;width: 400px;height: 200px;margin-left:
750px;padding-top: 100px;background-color: #89cff0;text-align: center;">
    <form type="text" size="15" method="POST">
        <content>
            <span>账号:</span>
            <input type="text" name="zh" size="15"><br><br>
            <div><span>密码:</span>
            <input type="password" name="mm" size="15"></div>
            <br><br>
            <input style="margin-left: 10px;font-size: 15px;" type="submit"
name="yanzheng" size="20" value="验证">
        <?php
        if(isset($_POST["yanzheng"]))
        if ($_POST["zh"]=="" || $_POST["mm"]=="")
            echo "<script> alert('账号、密码不能空,请重新输入') </script>";
        else
            echo "<script> alert('欢迎进入') </script>";
        ?>
        </content>
    </form>
</div>
</body>
</html>
```

程序运行结果如图 4-5 所示。

图 4-5（彩色）

图 4-5 运行结果

【例 4-3】中代码的主要功能是检查用户提交的登录信息是否为空。具体来说，它检查用户是否通过 POST 方法提交了名为"yanzheng"的表单，并检查"zh"和"mm"两个字段是否为空。

if(isset($_POST["yanzheng"]))：这是一个条件判断，检查是否有一个名为"yanzheng"的 POST 请求被提交。如果表单的提交按钮或其他元素有一个名为"yanzheng"的 name

属性，那么当这个表单被提交时，这个条件就为真。

if($_POST["zh"]=="" || $_POST["mm"]==")：这是一个嵌套的 if 语句。它检查 "zh" 和 "mm" 这两个 POST 字段是否为空。||是一个逻辑或操作符，表示只要 "zh" 或 "mm" 其中之一为空，这个条件就为真。

echo"<script>alert('账号、密码不能空，请重新输入') </script>";：如果上面的条件为真（即 "zh" 或 "mm" 为空），则执行此语句，输出一个 JavaScript 警告框，告诉用户 "账号、密码不能空，请重新输入"。

else echo "<script> alert('欢迎进入') </script>";：如果 "zh" 和 "mm" 都不为空，则执行此 else 语句，输出一个 JavaScript 提示框，告诉用户 "欢迎进入"。

上述代码只是简单的前端验证，用户仍然可以通过修改或禁用 JavaScript 来绕过这个验证。因此，后端验证也是必要的。

在实际的应用场景中，仅检查账号和密码是否为空是不够的，还需要进行其他的安全验证，如检查账号和密码是否匹配、防止 SQL 注入等。

使用 JavaScript 警告框进行错误提示可能不是最佳的用户体验方式。建议使用更现代的前端框架或库来提供更友好的错误提示，如 Bootstrap 或 Vue.js。

4.1.3　if 语句嵌套

当某个问题用一个简单的 if 语句或 if…else 语句无法解决时，就可能要用到多次判断，实现办法是嵌套 if 语句。

if 语句嵌套语法格式如下。

```
if  (条件表达式1)
 {
   语句1;
 }
 else if(条件表达式2)
      {
        语句2;
      }
     else    if
     …
     else {
             语句n;
            }
```

功能：如果条件表达式 1 为真则执行语句 1，否则判断条件表达式 2 是否为真，如果为真，则执行语句 2，以此类推，若都不为真，则执行语句 n。

【例 4-4】if 语句嵌套示例。

本程序的功能是根据成绩划分等级。

```
<html>
<head>
<meta http-equiv="Content-Type" content="text/html; charset=utf-8" />
```

```
<title>if 语句嵌套应用</title>
</head>  <body>
<?php
    $cont=50;
    if($cont==100)
        echo"满分";
    else  if($cont>=90)
            echo"优秀";
        else  if($cont>=80)
                echo"良好";
            else  if($cont>=70)
                    echo"中等";
                else   if($cont>=60)
                        echo"及格";
                    else
                        echo"不及格";
    ?>
</body>
</html>
```

程序运行结果如图 4-6 所示。

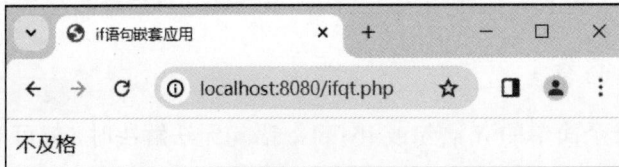

图 4-6 运行结果

在【例 4-4】中，根据变量 cont 的值输出相应的成绩等级，此处运用的是 if 语句的嵌套。使用嵌套的 if…else 语句时，要注意缩进和格式，以提高代码的可读性。在这段代码中，每个 else if 和 else 语句都比前一个缩进了一级，代码结构清晰。

4.1.4 多分支 switch 语句

switch 语句的语法格式如下。

```
    switch(表达式)
{
        case 值 1: 语句块 1;break;
        case 值 2: 语句块 2;break;
                …
        default: 语句块 n;
}
```

功能：当程序在执行过程中碰到 switch 语句时，会计算表达式的值（该表达式的值不能为数组或对象），然后与 switch 语句中 case 子句所列出的值逐一进行 "==" 比较，如果匹配，那么与 case 子句相连的语句块将被执行，直到遇到 break 语句才跳离当前 switch 语句；如果都没有匹配，default 语句将被执行（default 语句在 switch 语句中不是必需的）。

> switch 语句可以接收整型、浮点型和字符串变量的值，在设计 switch 语句时，将出现概率大的条件放在前面，出现概率小的条件放在后面，可以提高程序的执行效率。

switch 语句的执行流程如图 4-7 所示。

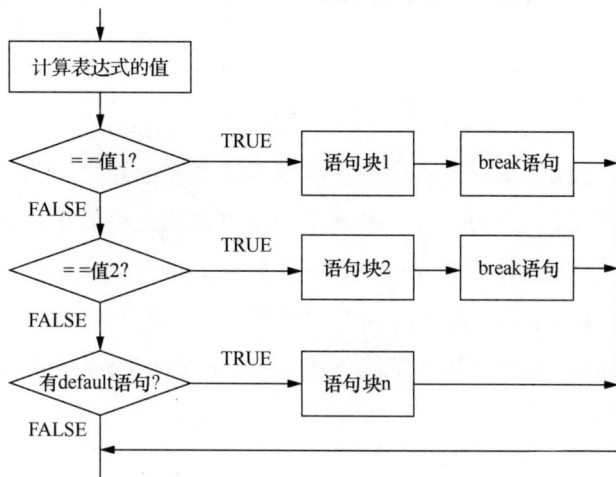

图 4-7　switch 语句的执行流程

【例 4-5】switch 语句示例。

程序功能：根据成绩划分等级。

4-2 【例 4-5】

```
<html>
<head>
<meta http-equiv="Content-Type" content="text/html; charset=utf-8" />
<title>switch 语句示例</title>
</head>
<body>
  <form  name="form1"  method="post">输入成绩
  <input  name="cj"  type="text">
  <input  name="an"  type="submit"  value="提交">
</form>
<?php
if(isset($_POST['an']))
   if($_POST['cj']!=null)
 {$cj=$_POST['cj'];
  switch($cj)
   {case($cj==100):echo "<script> alert('优秀') </script>"; break;
    case   ($cj>=90):echo  "优秀"; break;
    case   ($cj>=80):echo  "良好"; break;
    default:  echo  "其他";
    }
}
?>
</body>
</html>
```

程序运行结果如图 4-8 所示。

图 4-8　运行结果

在【例 4-5】中，使用 switch 语句进行成绩等级判断，同样也实现了多分支。通常，对于需要判断范围的情况，if…else if…else 结构是更直观、更易于理解和维护的选择。因此，在实际应用中，建议使用 if…else if…else 结构来处理成绩等级的判断。

如果一定要用 switch 语句，则使用额外的逻辑将成绩映射到一个可以被 switch 语句识别的值或类别上。然而，这种方法通常比使用 if…else if…else 结构更加复杂且不易理解。

【例 4-5】优化代码如下。

```php
<?php
if(isset($_POST['an']) && isset($_POST['cj']) && $_POST['cj'] !== '') {
    $cj = intval($_POST['cj']); //将成绩转换为整数
    $gradeCategory = '';

    //将成绩映射到一个类别
    if ($cj >= 90) {
        $gradeCategory = 'A'; //代表优秀
    } else if ($cj >= 80) {
        $gradeCategory = 'B'; //代表良好
    } else if ($cj >= 60) {
        $gradeCategory = 'C'; //代表及格
    } else {
        $gradeCategory = 'D'; //代表不及格
    }
    //使用 switch 语句根据映射后的类别进行判断
    switch($gradeCategory) {
        case 'A':
            echo "<script> alert('优秀') </script>";
            break;
        case 'B':
            echo "<script> alert('良好') </script>";
            break;
        case 'C':
            echo "<script> alert('及格') </script>";
            break;
        case 'D':
            echo "<script> alert('不及格') </script>";
            break;
        default:
            echo "<script> alert('未知等级') </script>";
```

```
        }
    }
    ?>
```

在这个例子中，首先根据成绩范围将成绩映射到一个简单的字母类别（A、B、C、D）；然后，使用 switch 语句根据这个类别输出对应的等级。虽然这种方法在技术上是可行的，但它增加了代码的复杂性，并没有提供比 if…else if…else 结构更多的好处。

4.2 循环控制语句

循环结构是一种在特定条件满足时，反复执行某段代码的控制结构。当条件不再满足时，循环结构将终止，程序将继续执行在循环结构之后的代码。在 PHP 中，实现循环结构的语句主要有 4 种：while 循环语句、do…while 循环语句、for 循环语句以及 foreach 循环语句。这些循环语句为开发者提供了灵活且强大的功能，以处理需要重复执行的任务。

4.2.1 while 循环语句

while 循环语句作为最基本的循环语句，其语法构成与 if 语句具有相似性，具体如下。

```
while(条件表达式)
{
        语句块;
}
```

功能描述：在 while 循环语句中，只要条件表达式的结果为 TRUE，程序就会持续执行循环体内的语句块；只有当条件表达式的结果为 FALSE 时，程序才会跳出 while 循环，继续执行后续的代码。

【例 4-6】while 循环语句示例。

用 while 循环语句计算 1+2+3+…+100 的结果。

4-3 【例 4-6】

```
<html>
<head>
<meta http-equiv="Content-Type" content="text/html; charset=UTF-8">
<title>用 while 循环语句求 1 到 100 的累加和</title>
</head>
<body>
<p>计算 1～100 的累加和</p>
<?php
$s=0;
$i=1;
while($i<=100)
{ $s=$s+$i;
$i=$i+1;}
echo "1 到 100 的累加和结果为<b>".$s."</b>";
?>
</body>
</html>
```

75

程序运行结果如图 4-9 所示。

图 4-9　运行结果

在【例 4-6】中，初始化了两个变量 s 和 i，其中 s 用于存储累加和，i 用作循环计数器。然后，while 循环开始执行，条件是 i 的值小于或等于 100。在循环体内，s 的值加上 i 的当前值，然后 i 的值递增 1。循环会一直执行，直到 i 的值大于 100 为止。最后，使用 echo 语句输出计算结果。

4.2.2　do…while 循环语句

do…while 循环语句的语法格式如下。

```
do{
    语句块;
}while(条件表达式);
```

功能：程序先执行 do 语句中的语句块，然后再检测条件表达式的值，如果为 TRUE，则继续执行 do 语句中的语句块，直到条件表达式的值为 FALSE 才跳出循环。

do…while 循环语句的执行流程如图 4-10 所示。

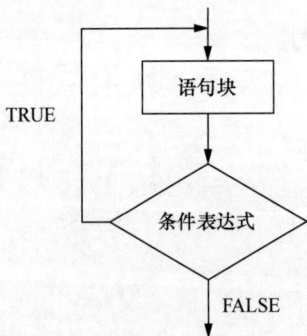

图 4-10　do…while 循环语句的执行流程

【例 4-7】do…while 循环语句示例。

用 do…while 循环语句实现 1 到 100 的累加和。

```
<html>
<head>
<meta http-equiv="Content-Type" content="text/html; charset=UTF-8">
<title>用 do…while 循环语句求 1 到 100 的累加和</title>
```

```
</head>
<body>
        <p>计算 1~100 的累加和</p>
            <?php
                $s=0;
                $i=1;
                do
            { $s=$s+$i;
                $i=$i+1;}
                while($i<=100);
                echo "1 到 100 的累加和结果为<b>".$s."</b>";
            ?>
        </body>
</html>
```

程序运行结果如图 4-11 所示。

图 4-11　运行结果

do…while 循环与 while 循环非常相似，区别在于 do…while 循环首先执行循环体内的代码，而不管 while 中的条件表达式是否成立。程序执行一次后，do…while 循环才检查条件表达式的值是否为 TRUE，若为 TRUE 则继续循环，若为 FALSE 则停止循环。而 while 循环首先判断条件表达式的值是否为 TRUE。所以当两个循环中的条件都不成立时，while 循环一次也没有执行，而 do…while 循环至少会执行一次。

4.2.3　for 循环语句

for 循环语句的语法格式如下。

```
for(表达式 1;表达式 2;表达式 3)
{
    语句块
}
```

表达式 1 的功能是初始化循环变量，表达式 1 只执行一次，并且不是必需的。

表达式 2 为循环条件。若表达式 2 的值为 TRUE，则执行语句块；若表达式 2 的值为 FALSE，则跳出循环。表达式 2 也不是必需的。

表达式 3 的功能是修改循环变量的值。表达式 3 也不是必需的。

for 循环语句的执行流程如图 4-12 所示。

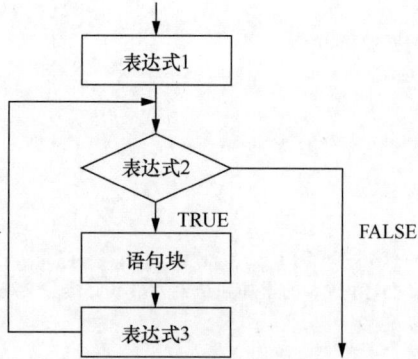

图 4-12 for 循环语句的执行流程

【例 4-8】 for 循环语句示例。

4-4 【例 4-8】

```
<html>
<head>
<meta http-equiv="Content-Type" content="text/html; charset=UTF-8">
<title>用 for 语句实现循环</title>
</head>
<body>
            <p>计算 1～100 的累加和</p>
            <?php
                $b="";
                for($a=0;$a<=100;$a+=1){
                        $b=$a+$b;
                }
                echo "结果：<b>".$b."</b>";
            ?>
</body>
</html>
```

程序运行结果如图 4-13 所示。

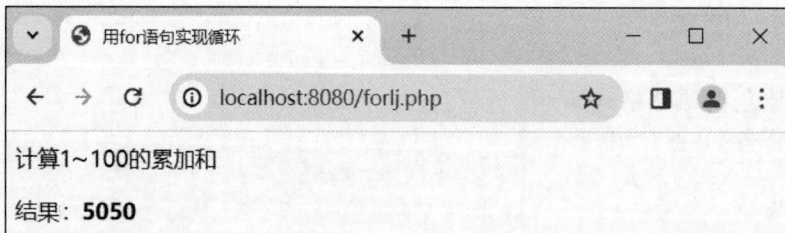

图 4-13 运行结果

从上面的示例语句可以发现，循环结构有以下 3 个要素。

（1）循环条件：循环结构中的条件表达式，如 $a<=100 就是循环条件。

（2）循环体：在每个循环周期均要执行一次的语句序列，如 for 下用 { } 括起来的语句序列。

（3）循环变量：用于决定循环条件是真还是假的量，如上例中的变量 a。一般来说，要有改变循环变量的语句，以使循环条件可以为假，即循环可以结束而不是无限循环（死循环）。

这 3 个要素共同构成了循环结构的基础，帮助程序员有效地控制代码的执行流程。在编写循环语句时，正确设置循环条件、编写必要的循环体，并合理地更新循环变量，是非常重要的。

4.2.4　foreach 循环语句

foreach 循环语句作为一种特定的循环控制语句，其主要应用场合局限于数组的遍历。若将其错误地应用于其他数据类型，或是对未初始化的变量进行操作，将会导致程序运行出错。关于 foreach 循环语句的详细讨论，将在后续关于数组的介绍中展开。

4.2.5　循环嵌套

循环嵌套是一种编程结构，指一个循环体内部包含另一个完整的循环结构。在处理复杂任务时，这种结构能够通过多层次的迭代来解决问题。

循环嵌套可以包含不同类型的循环，如 while 循环、do…while 循环和 for 循环。在循环嵌套中，外层循环负责一组迭代，而内层循环在每次外层循环的迭代中执行其自身的迭代。这种结构使程序能够有效地处理多层次的迭代任务。

【例 4-9】循环嵌套示例。

用循环嵌套实现九九乘法表。

4-5　【例 4-9】

```html
<html>
<head>
    <title>用循环嵌套实现九九乘法表</title>
    <meta http-equiv="Content-Type" content="text/html; charset=utf-8"/>
</head>
<body>
    九九乘法表
    <?php
    for ($i = 1; $i <= 9; $i++) { //外层循环，控制行数
        echo "<br/>"; //开始新的一行
        for ($j = 1; $j <= $i; $j++) { //内层循环，控制每行的乘法表达式数量
            echo "$i"×"$j=" . ($i * $j) . "   "; //输出乘法表达式和结果，使用 增加空格
            if ($j == $i) { //当内层循环结束时（即输出了每行的最后一个乘法表达式时）
                echo "<br/>"; //换行
            }
        }
    }
    ?>
</body>
</html>
```

程序运行结果如图 4-14 所示。

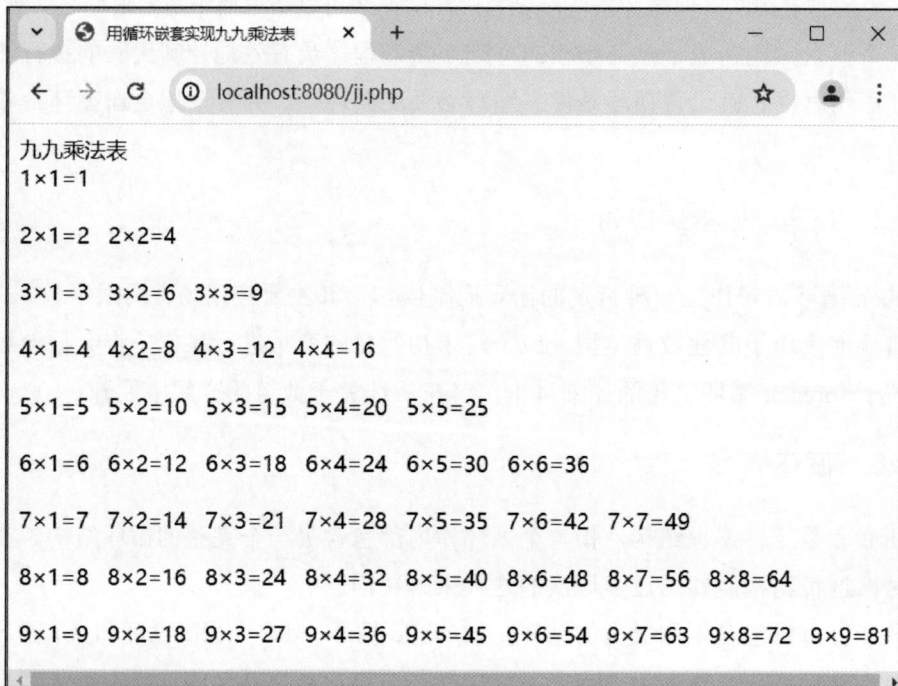

图 4-14　运行结果

在【例 4-9】中，程序按以下步骤执行。

（1）HTML 结构加载

浏览器加载该 HTML 页面时，首先读取整个页面结构。其中，<head>标记内包含元信息（如页面标题与字符集编码），<body>标记内为页面主体内容。

（2）PHP 代码执行

浏览器读取到<body>标记内的 PHP 代码时，便开始执行。由于 PHP 代码在服务器端执行，用户无法看到原始代码，仅能看到执行结果。

（3）外层循环

for($i=1;$i<=9;$i++)此循环控制九九乘法表的行数。变量 i 从 1 起始，每次循环递增 1，直至达到 9。

（4）开始新行

每次外层循环开始前（除第一次），都利用 echo"
";语句换行，使乘法表达式从新的一行起始。

（5）内层循环

for($j=1;$j<=$i;$j++)该循环控制每行乘法表达式数量。变量 j 同样从 1 开始，每次循环上限为外层循环当前值 i，即第一行有 1 个乘法表达式，第二行有 2 个，以此类推，第

九行有 9 个。

（6）打印乘法表达式和结果

echo"$i"×"$j=".($i*$j)."   ";这行代码用于打印乘法表达式及结果。例如，当$i 为 2，$j 为 1 时，打印 "2×1=2"，随后紧跟 3 个非断行空格（ ），以增加视觉间距。

（7）内层循环结束时的换行

if($j==$i)此条件判断用于检测内层循环是否到达上限（即输出了每行最后一个乘法表达式）。若是，则换行，让乘法表达式从新行开始。

（8）HTML 输出

PHP 代码执行完毕后，浏览器接收 PHP 代码生成的 HTML 输出，并显示九九乘法表。因 PHP 代码在服务器端执行，用户看到的仅是九九乘法表的 HTML 呈现，并非 PHP 代码本身。

4.3 循环中断语句

在 PHP 脚本中，若要终止某个循环、跳转至下一轮循环或全面终止脚本执行，可使用 break 语句、continue 语句等。

4.3.1 break 语句

在之前的 switch 语句中，break 语句的作用是退出 switch 语句。在循环中，break 语句的主要功能是结束当前循环，执行循环外的语句，即终止当前循环的执行。

【例 4-10】break 语句示例。

网络图片输出。

4-6 【例 4-10】

```
<meta http-equiv="Content-Type" content="text/html; charset=utf-8"/>
<?php
    for($i=1;$i<=20;$i++)
    {
    if($i==12){
        break;    }
?>
<input type="radio" name="head" value="<?php echo("images/".$i.".gif");?>" />
<img src="<?php echo("images/".$i.".gif");?>" width="90" height="90" id="head"/>
<?php
    }
?>
```

程序运行结果如图 4-15 所示。

图 4-15 运行结果

首先，需要准备足够的图片，并将它们放置在名为"images"的文件夹中。这些图片应当按照"1.jpg""2.jpg""3.jpg"的形式命名，具体的名称应基于图片的实际格式。其次，使用 for 循环来控制图片的显示数量。例如，若要显示 10 张图片，则循环 10 次；若要显示 100 张，则循环 100 次。若准备了 100 张图片，但仅希望输出 10 张，可以通过 break 语句来提前结束循环。再次，为在网页上实现单选按钮的功能，使用了 radio 控件。最后，为限制显示的图片数量并实现循环中断，运用了 break 控制语句。

4.3.2　continue 语句

continue 语句在编程中起到终止当前循环、跳过剩余代码的作用，并在条件求值结果为真时触发下一轮循环，即结束当前循环并开始下一次循环，随后回到条件判断处重新判断条件是否成立。

对于 while 语句，转去判断 while 循环条件。对于 for 语句，执行表达式 3，再判断循环条件是否成立。

【例 4-11】continue 语句示例。

```php
<?php
for ($i=0;$i<=10;$i++) //初始化一个从 0 到 10 的循环
    {
if ($i!=7) //检查当前数字 i 是否不等于 7
        echo "$i."   "; //如果不等于 7，则输出数字和 3 个空格
    else //如果等于 7
        {
        continue; //跳过本次循环的剩余部分，进入下一次循环
        }
}
?>
```

程序运行结果如图 4-16 所示。

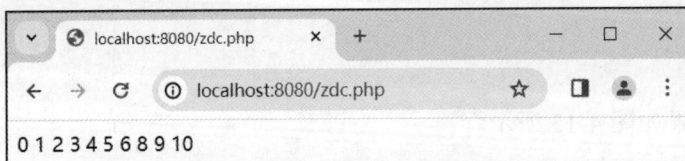

0 1 2 3 4 5 6 8 9 10

图 4-16 运行结果

在【例 4-11】中，当 i 等于 7 时，continue 语句会转去执行 else 代码块，跳过本次循环的剩余部分（在本例中没有剩余代码需要跳过，因为 echo 语句已经在 if 语句块内执行了），并立即开始下一次循环。这样，数字 7 就不会被输出。

注意　在面临可能导致死循环的情况下，务必运用 break 语句来终止循环，否则可能出现不可预测的结果。

本章小结

本章深入探讨了 PHP 中的流程控制语句，重点阐述了条件控制语句、循环控制语句、循环中断语句，这些语句对编写逻辑清晰、功能完善的 PHP 程序至关重要。

（1）条件控制语句：条件控制语句根据特定条件执行不同的代码块。PHP 中常用的条件控制语句有 if 语句和 switch 语句。if 语句根据单个条件执行不同的代码块，switch 语句则根据多个可能的值执行不同的代码块。

（2）循环控制语句：循环控制语句让程序重复执行某段代码，直到满足退出循环的条件。PHP 提供了多种循环控制语句，包括 for 循环、while 循环和 do…while 循环语句。每种循环语句都有特定的应用场景和语法规则。循环语句可以进行嵌套，即在一个循环体内嵌套另一个循环体。这种嵌套在处理多维数组、生成复杂报表或进行多层嵌套计算时非常有用。使用循环嵌套语句需要注意循环控制变量的作用域，以免出现意外的结果。

（3）循环中断语句：循环中断语句用于在循环过程中提前结束循环的执行。PHP 中提供了 break 和 continue 两个循环中断语句。break 语句用于完全结束当前循环，continue 语句则用于跳过当前循环的剩余部分，并进入下一次循环。

通过本章的学习，掌握了 PHP 中的条件控制语句、循环控制语句、循环中断语句，这些语句在 PHP 编程中对实现复杂逻辑提供了有力的支持。在实际开发中，需要根据具体需求选择合适的流程控制语句，并合理使用循环中断语句来提高代码的执行效率和可读性。

本章习题

一、选择题

1. 在 PHP 中，以下哪个语句用于根据多个可能的值执行不同的代码块？（　　　）
   A. if　　　　　　B. else　　　　　　C. switch　　　　　　D. while
2. 下列哪个循环结构会在每次循环开始时检查循环条件是否成立？（　　　）
   A. for　　　　　　B. while　　　　　　C. do…while　　　　　　D. foreach
3. 在 PHP 中，continue 语句的作用是什么？（　　　）
   A. 结束当前循环

  B．跳过当前循环，并进入下一次循环

  C．终止程序执行

  D．跳过循环体中的剩余代码，执行循环体之后的代码

4．关于循环嵌套，以下哪个说法是正确的？（　　　）

  A．循环嵌套只能使用 for 循环

  B．循环嵌套中，外层循环变量可以影响内层循环变量的值

  C．循环嵌套可以简化复杂逻辑的处理

  D．循环嵌套一定会导致程序效率降低

5．在 PHP 中，以下哪个语句用于中断当前循环，并跳出当前循环结构？（　　　）

  A．break   B．continue   C．exit   D．return

二、判断题

1．PHP 中的 switch 语句只能用于整数和字符串的比较。（　　　）

2．在 PHP 中，while 循环和 do…while 循环的区别在于 do…while 至少会执行一次循环体。（　　　）

3．break 语句只能用于中断 switch 语句的执行。（　　　）

三、简答题

1．在 PHP 中，使用哪种流程控制语句可以根据条件执行不同的代码块？

2．请写出 PHP 中 if 语句的基本语法格式。

3．在 PHP 中，如何使用 switch 语句根据变量的值执行不同的操作？并给出一个示例。

本章实训

一、实训目的

  通过本次实训，熟练掌握 PHP 中流程控制结构的相关知识和应用方式，提高编程能力和解决问题的能力。通过实际操作和练习，加深对选择结构、循环结构、循环嵌套及循环中断语句的理解和应用，为以后的项目开发打下坚实的基础。

二、实训要求

  1．查阅相关资料，上网浏览不同的网站，实现 switch 网页框架以及定制网页每日问候语，编写实现多项选择题的网页以及加减乘除游戏程序并提交源代码及运行结果报告。

  2．掌握 PHP 流程控制结构的基本概念，包括选择结构、循环结构、循环嵌套及循环中断语句。

  3．能够根据实际需求，选择合适的选择结构（如 if 语句、switch 语句）编写代码。

  4．熟练使用循环结构（如 for 循环、while 循环、do…while 循环）实现需要重复执行的任务。

5．理解循环嵌套的概念，并能够在实际项目中应用循环嵌套解决复杂问题。

6．掌握循环中断语句（如 break 语句、continue 语句）的用法。

三、实训步骤

1．回顾 PHP 流程控制结构的相关知识，包括选择结构、循环结构、循环嵌套及循环中断语句的语法和用法。

2．选择结构练习：编写简单的 PHP 代码，使用 if 语句和 switch 语句实现不同的选择逻辑，如根据用户的输入执行不同的操作。

3．循环结构练习：设计练习题目，使用 for 循环、while 循环和 do…while 循环实现需要重复执行的任务，如输出数字序列、计算累加和等。

4．循环嵌套练习：设计包含循环嵌套的练习题目，如输出九九乘法表、输出菱形图形等，以加深对循环嵌套的理解。

5．循环中断练习：通过编写包含 break 语句和 continue 语句的练习代码，掌握循环中断语句的用法，如网页图片的输出。

四、实训注意事项

1．注意代码规范。在编写代码时，要遵循 PHP 代码规范，注意命名约定、缩进规则、注释方式等，确保代码简洁、易读。

2．调试与测试。在编写代码的过程中，要充分利用调试工具进行调试和测试，确保代码逻辑正确、功能完善。

3．独立思考与解决问题。在实训过程中，要独立思考和解决问题，遇到困难时可以尝试查阅文档、搜索解决方案或向同学、老师请教。

4．及时总结与反馈。实训结束后，及时总结所学知识和经验，分享实训心得和遇到的问题，寻求反馈和建议，以便更好地提高自己的编程能力和解决问题的能力。

第 5 章　Web 数组应用

PHP 数组是一种强大的数据结构，它能够在单个变量中存储多个值（即元素）。PHP 主要支持两种数组类型：索引数组与关联数组。数组的维度丰富多样，可以是一维、二维或更高维度。而且，数组内部元素的类型十分丰富，包括字符串、整型、浮点型、布尔型，以及数组和对象等。

【本章知识结构】

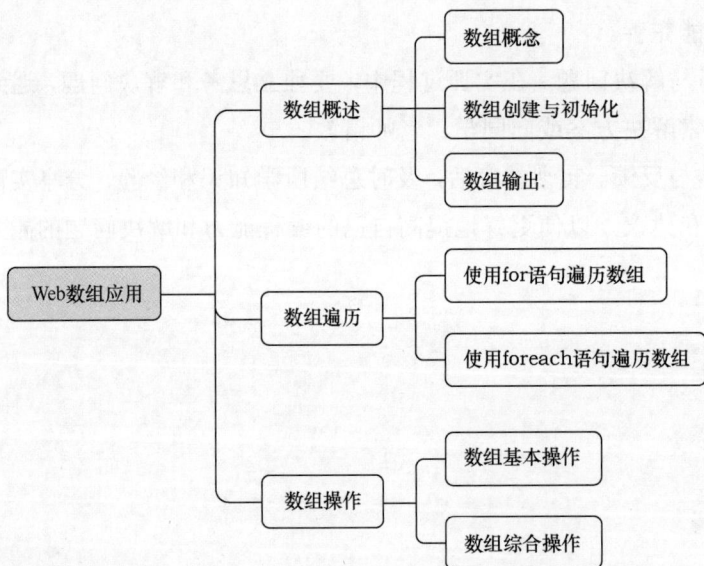

```
                           ┌─ 数组概念
                 ┌─ 数组概述 ┼─ 数组创建与初始化
                 │         └─ 数组输出
                 │
  Web数组应用 ───┼─ 数组遍历 ┬─ 使用for语句遍历数组
                 │         └─ 使用foreach语句遍历数组
                 │
                 └─ 数组操作 ┬─ 数组基本操作
                           └─ 数组综合操作
```

【本章学习目标】

1．掌握数组的创建。

2．熟悉数组的遍历。

3．熟悉数组的常用操作。

5.1　数组概述

数组作为一种重要的数据结构，可以对大量的数据类型相同的数据进行存储、排序、插入及删除操作，从而有效提高程序开发效率。

5.1.1　数组概念

数组是由一系列数据构成的有序变量集合。在数组中，每个元素均为一个变量，可通过数组名以及唯一的索引（也称作"下标"或"键名"）加以标识。数组的每个元素都包含两个部分：键名与值，通过键名能够获取与之对应的数组元素。

> 数组索引既可以是整数，也可以是字符串。如果索引是整数，则称为索引数组；如果索引是字符串，则称为关联数组；如果既有整数又有字符串，则称为混合数组。同时，数组长度可以自由变化。同一数组中各元素的数据类型可以不同，甚至数组元素也可以是数组。

5.1.2　数组创建与初始化

在 PHP 中，可以使用 array()函数创建数组，也可以通过直接赋值的方法创建数组。

（1）使用 array()函数创建数组

语法格式如下。

```
array array([$keys=>] $values,…)
```

在 array array([$keys=>] $values,…)创建数组的语法中，"[$keys=>]$values"中$keys 代表键名，$values 代表键值，如果一次要定义多个数组元素，则用逗号隔开"[$keys=>]$values"。

> 在数组定义过程中，若仅针对某个值未指定键名，系统会自动取该值前面最大的整数键名，并在此基础上加 1，以此作为该值的键名。另外，要是定义了两个完全相同的键名，那么后定义的键名及其对应的值，将会覆盖先定义的键名及其对应值。

【例 5-1】 使用 array()函数创建数组示例。

```php
<?php
$array1=array(5,6,7,8);              //定义不带键名的数组
$array2=array("name"=>"alm","sex"=>"men","age"=>"15");   //定义带
键名的数组
$array3=array(1=>5,2=>8,5=>9,15,18);    //定义省略了某些键名的数组
print_r($array1); echo "<br/>"; //输出数组
print_r($array2); echo "<br/>"; //输出数组
print_r($array3); echo "<br/>"; //输出数组
?>
```

5-1 【例 5-1】

程序运行结果如图 5-1 所示。

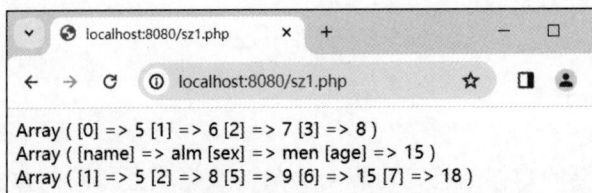

图 5-1 运行结果

在【例 5-1】中，定义了 3 个数组，且定义数组的同时给数组赋上了初始值。

为第一个数组赋值 5、6、7、8，这个数组不带键名，那么它的键名默认为 0、1、2、3。索引从 0 开始，分别是 array[0]=5、array[1]=6、array[2]=7、array[3]=8。

第二个数组自定义好了键名，分别是 array[name]="alm"、array[sex]="men"、array[age]="15"。

第三个数组则是省略了某些键名的数组，分别是 array[1]=5、array[2]=8、array[5]=9、array[6]=15、array[7]=18。请大家务必注意，最后键值为 15 的键名，是前面键值为 9 的键名 "5"，加 1 后的值 "6"。类似地，键值为 18 的键名是 7。

（2）通过直接赋值创建数组

通过直接赋值创建数组就是直接为数组元素赋值，类似于变量的直接赋值。

【例 5-2】通过直接赋值创建数组示例。

```php
<?php
$array[1]="你";              //定义不带键名的数组
$array[2]="好";
$array[3]="吗";
$array[4]="? ";
print_r($array); //输出数组
?>
```

程序运行结果如图 5-2 所示。

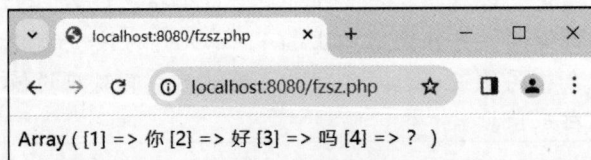

图 5-2 运行结果

在【例 5-2】中，定义了一个数组，分别给每个数组元素直接赋值，最后通过 print_r() 函数输出数组。

5.1.3 数组输出

在 PHP 中可以使用 print_r() 函数进行数组的输出。

语法格式：print_r(数组名)。

示例详见【例 5-1】。

5.2　数组遍历

在 PHP 中，数组是一种非常有用的数据结构，它允许用户存储和操作一组有序的值。为了充分利用数组，需要遍历其元素，即逐个访问数组中的每个值。数组遍历是 PHP 编程中的基本任务之一，它为用户提供了处理数组内容的机会，从而执行各种操作，如输出元素、计算总和、查找特定值等。

在遍历数组时，可以使用多种方法，每种方法都有其特定的用途和优势，包括使用 foreach 语句、for 语句以及其他循环语句。下面将通过示例代码和相应解释，介绍每种方法的用法和最佳实践。掌握数组遍历技巧能够在 PHP 编程中获得更强的灵活性。

5.2.1　使用 for 语句遍历数组

在 PHP 中，for 语句常用于遍历数组。

【例 5-3】使用 for 语句遍历数组示例。

```php
<?php
$sports=array("相声","游戏","音乐","魔术");
echo  "我校开展的娱乐项目如下:<br/>";
for($i=0;$i<4;$i++)
{
echo  $sports[$i];
if ($i==3)  break;
echo ","  ;
}
?>
```

程序运行结果如图 5-3 所示。

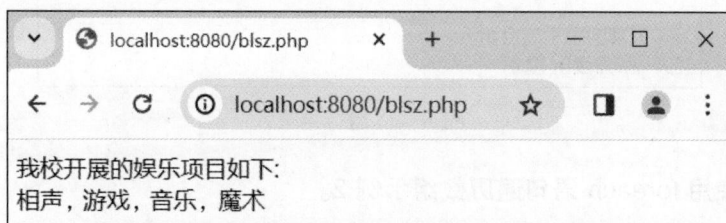

图 5-3　运行结果

在【例 5-3】中，首先定义了一个包含活动名称的数组 sports，然后使用 for 语句遍历数组。循环的初始化部分设置了一个计数器变量 i（初始值为 0），循环条件检查 i 是否小于数组长度 4，每次循环后，i 都会递增 1。

在循环体中，通过$sports[$i]访问数组中的每个元素，并使用 echo 语句将其输出。这个循环将持续执行，直到 i 达到数组长度，此时循环条件不再满足，循环结束。

5.2.2　使用 foreach 语句遍历数组

foreach 语句也属于循环控制语句，但它只用于遍历数组。

![注意] 当试图将 foreach 循环语句用于其他数据类型或者一个未初始化的变量时会产生错误。

5-2　使用
foreach 语句遍历
数组

使用 foreach 语句进行数组遍历有以下两种语法。

第一种语法如下。

```
foreach (数组名 as $key => $value)
{循环体语句块}
```

第二种语法如下。

```
foreach (数组名 as $value)
{循环体语句块}
```

【例 5-4】使用 foreach 循环语句遍历数组示例 1。

```php
<?php
$sports = array("相声", "游戏", "音乐", "魔术");
echo "我校开展的娱乐项目如下:<br/>";
//使用 foreach 语句遍历数组，只输出值
foreach ($sports as $key =>$value) {
    echo $value . " ";
}
?>
```

程序运行结果如图 5-4 所示。

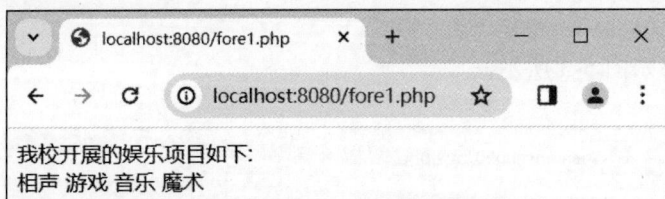

图 5-4　运行结果

【例 5-5】使用 foreach 语句遍历数组示例 2。

```php
<?php
$sports = array("相声", "游戏", "音乐", "魔术");
echo "我校开展的娱乐项目如下:<br/>";
//使用 foreach 语句遍历数组，只输出值
foreach ($sports as $value) {
    echo $value . " ";
}
?>
```

程序运行结果如图 5-5 所示。

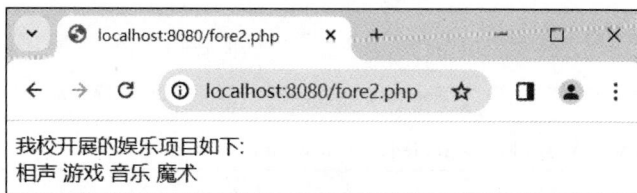

图 5-5　运行结果

5.3　数组操作

除了上述基本操作外，PHP 还提供了许多数组处理函数，如 array_merge()函数用于合并数组、array_slice()函数用于获取数组的一部分等。

PHP 数组是一种非常灵活的数据结构，可以执行多种操作。

5.3.1　数组基本操作

（1）添加数组元素

可使用 array_push()函数将一个或多个元素添加到数组末尾。

【例 5-6】array_push()函数示例。

```php
<?php
$fruits = ["apple", "banana"];
array_push($fruits, "orange", "mango");
print_r($fruits); //输出:Array([0] => apple [1] => banana [2] => orange [3] => mango)
?>
```

程序运行结果如图 5-6 所示。

图 5-6　运行结果

（2）删除数组元素

可使用 array_pop()函数删除并返回数组的最后一个元素。

【例 5-7】array_pop()函数示例。

```php
<?php
$fruits = ["apple", "banana", "orange"];
$lastFruit = array_pop($fruits);
echo $lastFruit;        //输出 orange
print_r($fruits);       //输出 Array ([0] => apple [1] => banana)
?>
```

程序运行结果如图 5-7 所示。

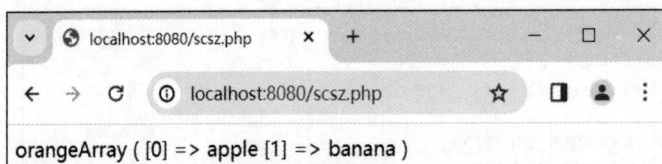

图 5-7 运行结果

5.3.2 数组综合操作

（1）查找数组元素

可使用 in_array()函数检查某个元素是否存在于数组中。

【例 5-8】in_array()函数示例。

```php
<?php
$fruits = ["apple", "banana", "orange"];
if (in_array("banana", $fruits)) {
echo "Banana is in the array.";
} else {
echo "Banana is not in the array."; }
//输出 Banana is in the array.
?>
```

程序运行结果如图 5-8 所示。

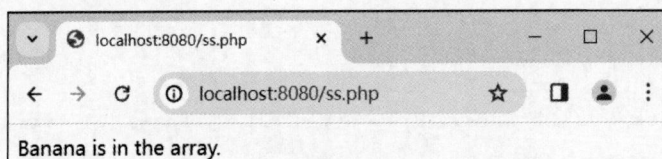

图 5-8 运行结果

（2）排序数组元素

可使用 sort()函数对数组元素进行升序排列。

【例 5-9】sort()函数示例。

```php
<?php
$numbers = [5, 3, 8, 1, 2];
sort($numbers);
print_r($numbers); //输出 Array ([0] => 1 [1] => 2 [2] => 3 [3] => 5 [4] => 8)
?>
```

程序运行结果如图 5-9 所示。

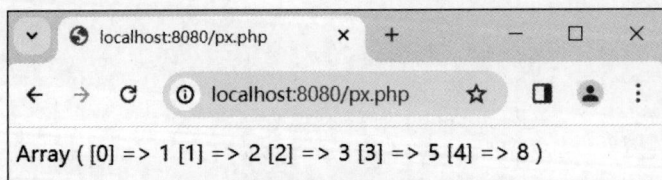

图 5-9 运行结果

（3）合并数组

可使用 array_merge()函数合并数组。

【例 5-10】array_merge()函数示例。

```php
<?php
$fruits1 = ["apple", "banana"];
$fruits2 = ["orange", "mango"];
$allFruits = array_merge($fruits1, $fruits2);
print_r($allFruits); //输出 Array ([0] => apple [1] => banana [2] => orange [3] => mango)
?>
```

程序运行结果如图 5-10 所示。

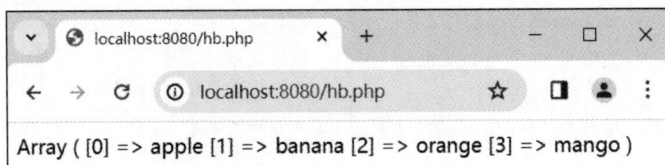

图 5-10　运行结果

（4）反转数组

可使用 array_reverse()函数反转数组。

【例 5-11】array_reverse()函数示例。

```php
<?php
$numbers = [1, 2, 3, 4, 5];
$reversedNumbers = array_reverse($numbers);
print_r($reversedNumbers); //输出 Array ([0] => 5 [1] => 4 [2] => 3 [3] => 2 [4] => 1)
?>
```

程序运行结果如图 5-11 所示。

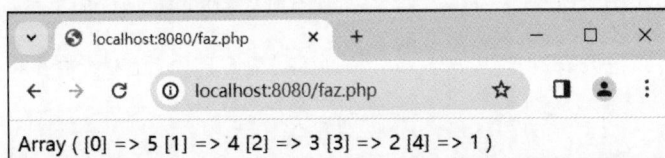

图 5-11　运行结果

（5）获取数组键名

可使用 array_keys()函数获取数组的所有键名。

【例 5-12】array_keys()函数示例。

```php
<?php
$person = ["name" => "John", "age" => 30, "city" => "New York"];
$keys = array_keys($person);
print_r($keys); //输出 Array ( [0] => name [1] => age [2] => city)
?>
```

程序运行结果如图 5-12 所示。

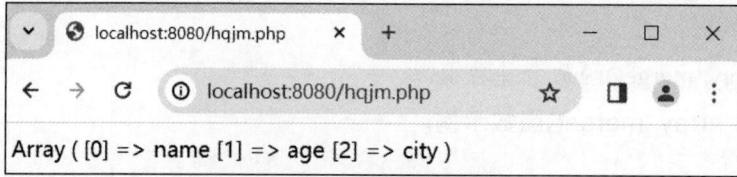

图 5-12　运行结果

前面分别介绍了数组的基本操作和综合操作，接下来通过一个综合应用示例展示数组的常见操作。

【例 5-13】 数组综合应用示例。

```php
<?php
    echo "<form method=post>";          //新建表单
    for($i=1;$i<8;$i++)                  //循环生成文本框
    {                                    //文本框的名字是数组名
echo "学生".$i."的成绩:<input type=text name='stu[]' ><br/>";
    }
 echo "<input type=submit name=bt value='提交'>"; // "提交" 按钮
echo "</form>";
if(isset($_POST['bt']))                  //检查 "提交" 按钮是否被按下
    {
        $sum=0;                          //将总成绩初始化为 0
        $k=0;
        $stu=$_POST['stu'];              //取得所有文本框的值并赋予数组 stu
        $num=count($stu);                //计算数组 stu 的元素个数
echo "您输入的成绩有：<br/>";
foreach($stu as $score)                  //使用 foreach 语句遍历数组 stu
        {
            echo $score."<br/>";         //输出接收的值
            $sum=$sum+$score;            //计算总成绩
        if($score<60)                    //判断分数低于 60 的情况
        {
        $sco[$k]=$score;                 //将分数低于 60 的值赋给数组 sco
        $k++;                            //数组 sco 的索引加 1
            }
        }
echo "<br/>低于 60 分的成绩有：<br/>";
for($k=0;$k<count($sco);$k++)            //使用 for 语句遍历 sco 数组
        echo $sco[$k]."<br/>";
        $average=$sum/$num;              //计算平均成绩
        echo "<br/>平均分: $average";    //输出平均成绩
}
?>
```

5-3 【例 5-13】

程序运行结果如图 5-13 所示。

在【例 5-13】中，当用户提交表单后，该脚本会输出所有用户输入的成绩、低于 60 分的成绩以及平均成绩。如果某个学生的成绩低于 60 分，它将被添加到 sco 数组中，并最终输出。如果所有学生的成绩都及格，那么输出不及格成绩的部分将不会有任何输出。

图 5-13　运行结果

以上示例涉及 PHP 数组操作的基本层面。此外，PHP 还提供众多函数与方法来处理数组，以满足各种应用场景，读者可自行了解。

本章小结

本章深入探讨了 PHP 中数组的概念、创建与初始化方法，以及数组遍历和数组操作的常用技巧。

（1）创建数组。在 PHP 中，可以使用 array()函数创建数组，也可以通过直接赋值的方法创建数组。

（2）遍历数组的方法。遍历数组即逐个访问数组中的元素。PHP 提供了多种遍历数组的方法，包括使用 foreach 语句、for 语句以及其他循环语句。

（3）常用的数组操作。这些操作包括添加元素、删除元素、查找元素等。

通过本章的学习，读者能够熟练掌握 PHP 数组的创建、初始化、遍历及基本操作技巧，为以后在 PHP 编程中处理数组打下坚实基础，有助于读者更高效地处理复杂的数组逻辑。

本章习题

一、选择题

1．（多选）在 PHP 中，以下哪些方式可以用于定义一个空数组？（　　）

   A．$array = array();   B．$array = [];

   C．$array = new Array();   D．$array = NULL;

2．在 PHP 中，以下哪个函数可以用于获取数组的长度？（　　）

   A．length()   B．size()   C．count()   D．length

3．以下哪个选项不是 PHP 中遍历数组的方法？（　　）

   A．foreach 语句   B．for 语句   C．while 语句   D．do…while 语句

4．在 PHP 中，如何向一个数组的末尾添加一个元素？（　　）

   A．使用 array_add()函数   B．使用 array_push()函数

   C．使用$array[] = $value;语法   D．使用$array->push($value);语法

5．下列哪个选项不是 PHP 数组操作的常用技巧？（　　）

   A．使用 array_push()函数向数组末尾添加元素

   B．使用 array_pop()函数删除数组中的元素

   C．使用 in_array()函数查找数组中的元素

   D．使用 echo 语句直接输出整个数组

二、判断题

1．在 PHP 中，数组可以是索引数组或关联数组。（　　）

2．在 PHP 中，使用 array_merge()函数合并两个数组时，如果两个数组中有相同的键名，则后一个数组的值会覆盖前一个数组的值。（　　）

3．使用 foreach 语句遍历数组时，可以同时访问数组的键名和值。（　　）

三、简答题

1．在 PHP 中，数组的定义是什么？

2．写出一个创建包含 5 个字符串元素的 PHP 数组的示例。

3．如何使用 foreach 语句遍历一个 PHP 数组并输出每个元素的值？

本章实训

一、实训目的

通过本次实训，掌握 PHP 中数组的基本概念、创建与初始化方法，以及数组遍历和数组操作的常用技巧。通过实践操作，加深对数组的理解，提高编程能力和解决问题的能力，为以后的项目开发打下坚实的基础，并培养独立思考和团队合作的能力。

二、实训要求

1．查阅相关资料，上网浏览不同的网站，实现数组创建、遍历等操作，完成学生成绩录入及排序任务。

2．掌握 PHP 中数组的基本概念。

3．能够熟悉并正确使用 PHP 中创建和初始化数组的方法。

4．掌握至少两种遍历数组的技巧，并能够根据实际需求选择合适的遍历方法。

5．熟悉并掌握常用的数组操作，如添加、删除、查找数组元素等。

6．能够独立编写代码，实现数组的遍历和基本操作，解决遇到的问题。

三、实训步骤

1．回顾 PHP 中数组的基本概念，包括索引数组和关联数组的定义和特点。

2．数组创建与初始化练习。编写简单的 PHP 代码，练习创建和初始化不同类型的数组，包括索引数组和关联数组，确保能够正确设置数组的键名和值。

3．遍历技巧练习。选择至少两种遍历方法，如使用 foreach 语句、for 语句等，编写代码以实现数组的遍历。练习访问数组的元素，并根据需求进行不同的操作。

4．数组操作练习。使用常用的数组操作函数（如 array_push()、array_pop()、in_array() 等函数）进行添加、删除、查找数组元素的练习，确保能够熟练使用这些函数，并理解它们的工作原理。

5．综合实训项目。结合所学知识，设计一个综合实训项目，如开发一个简单的购物车系统。在该系统中，使用数组来存储商品信息，并实现商品的添加、删除、查找和修改等功能。通过实际操作巩固所学内容，并锻炼实际应用能力。

四、实训注意事项

1．注意代码规范。在编写代码时，要遵循 PHP 的代码规范，注意命名约定、缩进规则、注释方式等。保持代码简洁、易读，提高代码的可维护性。

2．调试与测试。在编写代码的过程中，充分利用调试工具进行调试和测试，确保代码逻辑正确，功能完善，并及时发现和解决遇到的问题。

3．独立思考与解决问题。在实训过程中，要独立思考和解决问题。遇到困难时，可以尝试查阅文档、搜索解决方案或向同学、老师请教。通过解决问题，提高自己的编程能力和解决问题的能力。

4．及时总结与反馈。实训结束后，及时总结所学知识和经验，分享实训心得和遇到的问题。寻求反馈和建议，以便更好地提高自己的编程能力和解决问题的能力。

第**6**章　Web 函数应用

在 PHP 中，函数是一组有序的代码块，通过调用函数，可实现特定功能或返回相应结果。PHP 脚本主要由主程序和函数构成，函数不仅赋予了脚本核心功能，同时实现了代码的结构性，有利于提高代码的可读性。

【本章知识结构】

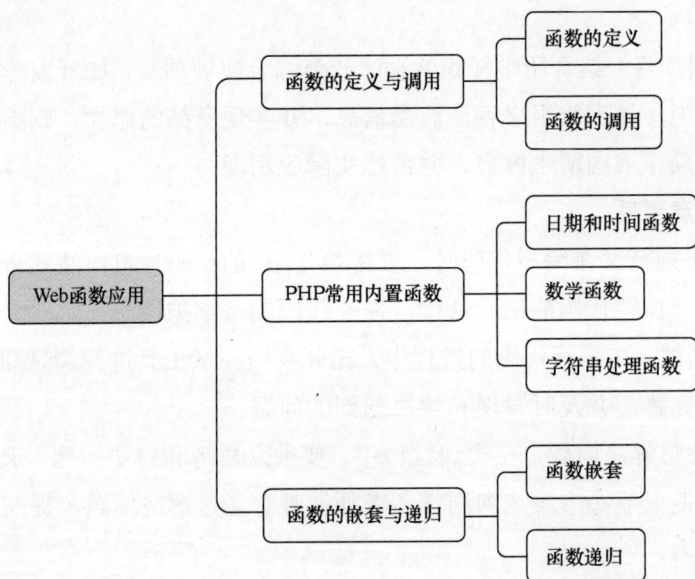

【本章学习目标】

1．掌握函数的定义与调用。

2．熟悉 PHP 常用内置函数。

3．掌握函数的嵌套与递归。

6.1　函数的定义与调用

在 PHP 中，函数是一组可重用的代码块，它用于执行特定的任务，并且可以返回结果。函数可以接收输入参数，并根据参数执行相应的操作。使用函数，可以将代码组织得更有条理，从而提高代码的可读性和可维护性。

在 PHP 7 及后续版本里，程序设计者能够把常用的流程、变量等要素，以一种固定格式进行组织封装。一般而言，这一操作可借助创建自定义函数或类来实现。

6.1.1　函数的定义

在 PHP 中函数分为两类：系统内置函数和用户自定义函数。

用户自定义函数使用 function 关键字进行声明。

函数一般包含函数名、参数、函数体和返回值 4 个部分。

函数定义的语法格式如下。

```
function fun_Name($str1,$str2,…,$strn)
{//函数体
 //实现函数功能的代码
return result; //可选，函数返回值
}
```

（1）function 是自定义函数时所用到的关键字。

（2）fun_Name 是自定义函数的名称。

自定义函数命名规则：不宜与 PHP 内置函数名称相同，避免与 PHP 关键字冲突，切勿以数字或下画线作为名称开头，同时不要包含"."和中文字符。

> 注意　函数体是实现函数功能的代码，函数体中即使只有一条语句，外面的大括号也不能省略。

（3）$str1,$str2,…,$strn 是函数接收的参数列表，函数的参数是传递给函数的值，用于在函数体内部进行操作。参数可以是变量、常量、表达式等。在定义函数时，可以指定参数的名称和类型（可选）。函数可以接收任意数量的参数，包括 0 个。

【例 6-1】函数参数示例。

```
<?php
function greet($name)
{ echo "Hello,$name!"; }
greet("mali");             //输出 Hello,mali!
?>
```

在【例 6-1】中，greet()函数接收一个名为 name 的参数，并在函数体内部使用 echo 语句输出问候语。

程序运行结果如图 6-1 所示。

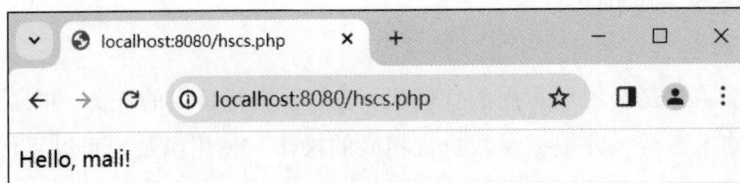

图 6-1　运行结果

（4）return 语句用于在函数执行完毕后返回一个值（可选）。

函数可以使用 return 语句返回一个值。返回的值可以是任意 PHP 数据类型，包括字符串、整型、浮点型、布尔型等。当函数执行到 return 语句时，函数将立即结束执行，并将返回值返回给调用者。

【例 6-2】函数返回值示例。

6-1　【例 6-2】

```php
<?php
function add($a, $b)
{ $sum = $a + $b;
return $sum; }
$result = add(3, 5);
//调用函数并将返回值存储在变量 result 中
echo $result;                  //输出 8
?>
```

在【例 6-2】中，add()函数接收两个参数——a 和 b，计算它们的和，并使用 return 语句返回计算结果。调用函数时，将返回值存储在变量 result 中，并使用 echo 语句输出结果。

程序运行结果如图 6-2 所示。

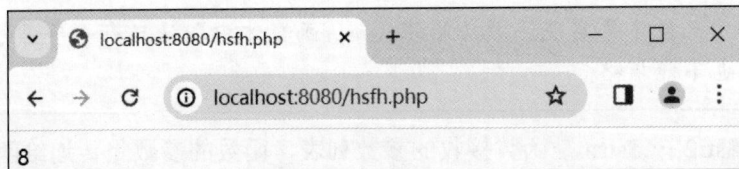

图 6-2　运行结果

6.1.2　函数的调用

可以使用函数名称和参数列表（如果有参数的话）来调用函数。函数调用的语法格式如下。

```
functionName(arguments);
```

其中，functionName 是要调用的函数的名称，arguments 是传递给函数的参数列表（可选）。

【例 6-3】函数调用示例。

```php
<?php
function sayHello()
{ echo "Hello,world!"; }
 sayHello(); //调用函数并输出 Hello,world!
?>
```

在【例 6-3】中，sayHello()函数不接收任何参数，并在函数体内部使用 echo 语句输出问候语。

程序运行结果如图 6-3 所示。

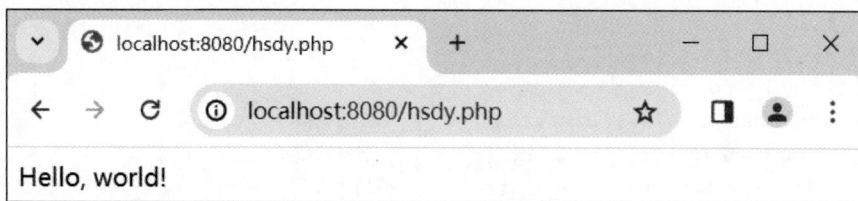

图 6-3 运行结果

【例 6-4】函数定义与调用示例。

用函数实现计算器程序。

6-2 【例 6-4】

```php
<html>
<head>
    <title>计算器程序</title>
</head>
<body>
<form method=post>
    <table>
        <tr>
            <td>
            <input type="text" size="4" name="number1">
                <select name="caculate">
                    <option value="+">+
                    <option value="-">-
                    <option value="*">*
                    <option value="/">/
                </select>
            <input type="text" size="4" name="number2">
            <input type="submit" name="ok" value="计算">
            </td>
        </tr>
    </table>
</form>
</body>
</html>
<?Php
function cac($a, $b, $caculate)//定义函数 cac()，用于计算两个数
    {
        if($caculate=="+")             //如果是加号，做加法运算
```

```
            return $a+$b;
        if($caculate=="-")          //如果是减号，做减法运算
            return $a-$b;
        if($caculate=="*")          //如果是乘号，做乘法运算
            return $a*$b;
        if($caculate=="/")
        {
            if($b=="0")             //判断除数是否为0
                echo "除数不能等于0";
            else
                return $a/$b;       //若除数不为0则相除
        }
    }
    if(isset($_POST['ok']))
    {
        $number1=$_POST['number1'];        //得到数1
        $number2=$_POST['number2'];        //得到数2
        $caculate=$_POST['caculate'];  //得到运算符
    //调用is_numeric()函数判断接收到的字符串是否为数字
        if(is_numeric($number1)&&is_numeric($number2))
        {
            //调用cac()函数计算结果
            $answer=cac($number1,$number2,$caculate);
            echo "<script>alert('".$number1.$caculate.$number2."=".$answer."')
</script>";
        }
        else
        echo "<script>alert('请重新输入!')</script>";
    }
    ?>
```

程序运行结果如图6-4（a）所示。输入"3*5"，单击"计算"按钮，运行结果如图6-4（b）所示。

（a） 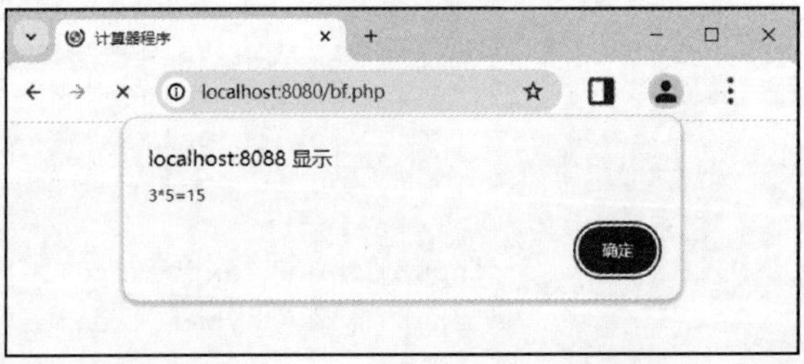　　　　　　　　　　　　　　　　（b）

图6-4　运行结果

6.2　PHP常用内置函数

PHP提供了大量的内置函数，这些函数能够完成各种常见的任务，如日期和时间处理、

字符串处理、数学计算、数组操作、文件操作、网络操作等。接下来对常用的 PHP 内置函数进行介绍。

6.2.1　日期和时间函数

在 PHP 中，处理日期和时间的函数主要是 date()函数、time()函数和 strtotime()函数等。

（1）date()函数

date()函数用于格式化本地日期和时间。它接收两个参数：日期和时间格式字符串及可选的 UNIX 时间戳。如果没有提供时间戳，则使用当前时间。

【例 6-5】date()函数示例。

```php
<?php
echo date("Y-m-d H:i:s"); //输出当前日期和时间
?>
```

格式字符串中的字母代表不同的日期和时间元素。

Y 代表 4 位数的年份。

m 代表两位数的月份。

d 代表两位数的日期。

H 代表 24 小时制的小时数。

i 代表分钟数。

s 代表秒数。

程序运行结果如图 6-5 所示。

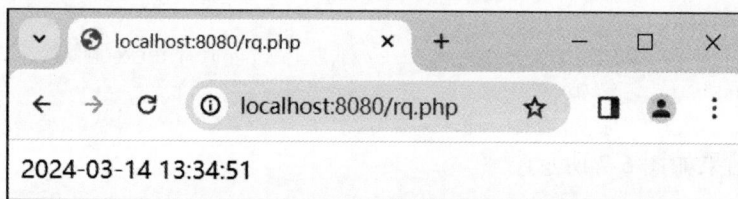

图 6-5　运行结果

（2）time()函数

time()函数返回当前的 UNIX 时间戳，即从 UNIX 纪元（1970-01-01 00:00:00 UTC）开始到现在的秒数。

【例 6-6】time()函数示例。

```php
<?php
echo time();
?>
```

程序运行结果如图 6-6 所示。

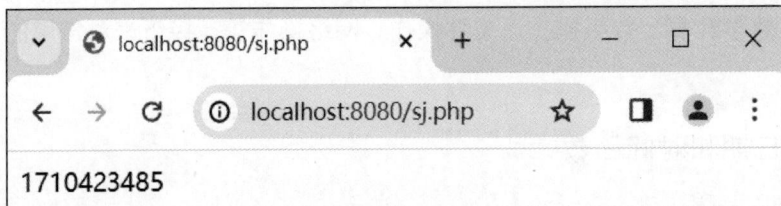

图 6-6　运行结果

当运行这段 PHP 代码时，time()函数会返回当前的 UNIX 时间戳，然后 echo 语句会将这个时间戳输出到屏幕上。输出的结果是一个整数，具体值取决于运行这段代码的具体时间。

（3）strtotime()函数

strtotime()函数是 PHP 里常用的函数之一，它能够把任何英文文本形式的日期和时间描述解析为 UNIX 时间戳。strtotime()函数在处理日期和时间格式字符串时十分灵活，能够解析多种不同格式的日期和时间描述。

【例 6-7】strtotime()函数示例。

```php
<?php
$now = strtotime("now");                      //获取当前时间的 UNIX 时间戳
echo $now . "</br>";
$date = strtotime("2023-07-19");              //获取指定日期的 UNIX 时间戳
echo $date . "</br>";
$tomorrow = strtotime("+1 day");              //获取相对时间的 UNIX 时间戳
echo $tomorrow . "</br>";
$lastMonthToday = strtotime("-1 month today");        //获取上个月的今天的 UNIX 时间戳
echo $lastMonthToday . "</br>";
$nextWednesday = strtotime("next Wednesday");         //获取下周三的 UNIX 时间戳
echo $nextWednesday . "</br>";
$oneHourAgo = strtotime("-1 hour");     //获取上一个小时的 UNIX 时间戳
echo $oneHourAgo . "</br>";
?>
```

程序运行结果如图 6-7 所示。

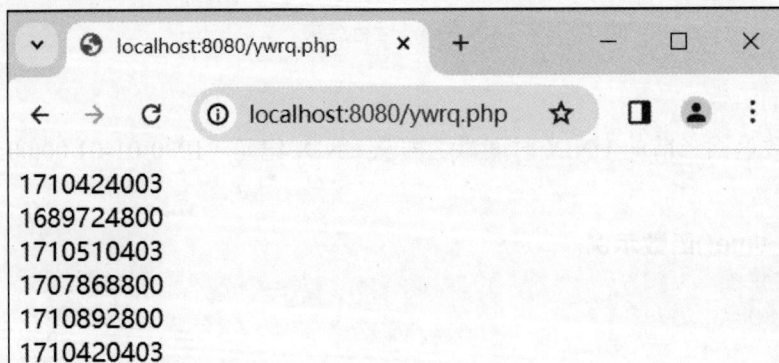

图 6-7　运行结果

在【例 6-7】中，strtotime()函数可以解析 now、2023-07-19 这样的绝对日期，也可以解析+1 day、next Wednesday 这样的相对日期。它还支持使用 today、yesterday、tomorrow 等词，以及月份名称（如 July）的缩写和全称。

> **注意**　strtotime()函数解析日期和时间的具体行为可能会受到服务器时区设置的影响。因此，在处理日期和时间时，确保服务器的时区设置正确是很重要的。如果需要，可以使用 date_default_timezone_set()函数来设置默认时区。

> **说明**　尽管 strtotime()函数非常强大且灵活，但在处理复杂的日期和时间逻辑时，有时使用 DateTime 类可能更为可靠和清晰。DateTime 类提供了更多的方法和选项来处理日期和时间。

【例 6-8】网页每日问候语示例。

程序功能：根据所获取的日期显示不同的问候语。

6-3【例 6-8】

```html
<html>
<head>
 <meta http-equiv="Content-Type" content="text/html; charset=
utf-8" />
    <title>每日问候语</title>
</head>
<body>
<center>
<?php
date_default_timezone_set('Asia/Shanghai');//使用正确的时区标识符
echo date('Y-m-d H:i:s', time()) . "<br>";
$weekday = array("日", "一", "二", "三", "四", "五", "六");
echo "今天是星期" . $weekday[date("w")] . "<br>";
switch (date('w')) {
    case 0:
        echo "每一天都是崭新的一天。早安！";
        break;
    case 1:
        echo "爱笑的人运气不会差。早安！";
        break;
    case 2:
        echo "珍惜时间，珍惜你身边的人。早安！";
        break;
    case 3:
        echo "爱你所爱的人是一件多么幸福的事情。早安！";
        break;
    case 4:
        echo "幸福就在你我身边，只是缺少发现的眼睛。早安！";
        break;
    case 5:
        echo "一寸光阴一寸金，寸金难买寸光阴。早安！";
        break;
    case 6:
        echo "有志者，事竟成。早安！";
        break;
```

```
}
?>
</center>
</body>
</html>
```

程序运行结果如图 6-8 所示。

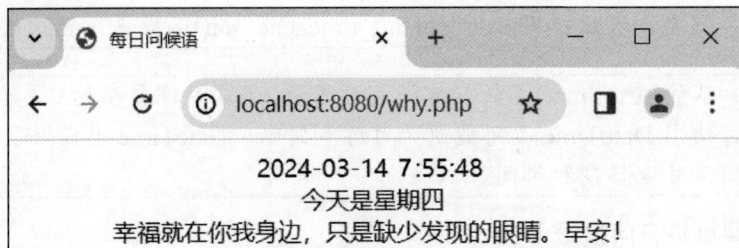

图 6-8　运行结果

在【例 6-8】中，使用了 Asia/Shanghai 作为时区标识符，这是常用的时区设置。prc 并不是有效的时区标识符，所以请确保使用正确的时区标识符。

6.2.2　数学函数

PHP 中有很多常用的数学函数，它们可以进行各种数学运算，包括但不限于四舍五入、求绝对值、求平方根、求幂、三角函数运算等。

（1）random_int()函数

这个函数返回一个指定范围内的随机整数。如果提供两个参数，random_int(min, max)，则返回一个在 min 和 max 之间的随机整数，包括 min 和 max。如果只提供一个参数，random_int(max)，则返回一个在 0 到 max 之间的随机整数。

【例 6-9】random_int()函数示例。

```php
<?php
//生成一个 1 到 100 之间的随机整数
$randn = random_int(1, 100);
//输出这个随机整数
echo $randn;
?>
```

程序运行结果如图 6-9 所示。

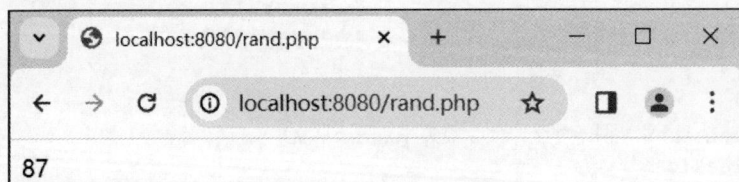

图 6-9　运行结果

（2）mt_rand() 函数

这个函数是 rand() 函数的一个更好的替代品，它使用 Mersenne Twister 算法来生成随机数字，通常具有更好的随机性。

【例 6-10】mt_rand() 函数示例。

程序功能：幸运数字抽奖

6-4【例 6-10】

```html
<html>
<head>
<meta http-equiv="Content-Type" content="text/html; charset=
utf-8" />
<title>幸运数字抽奖</title>
<style type="text/css">
<!--
body,td,th {
    color: #FF0000;
    font-size: 12px;
}
.STYLE1 {color: #FFFF66}
-->
</style></head>
<body>
<form id="form1" name="form1" method="post" action="">
  <table width="304" border="1" cellpadding="1" cellspacing="1" bordercolor=
"#FFFFFF" bgcolor="#FF0000">
    <tr>
      <td width="300" bgcolor="#990000"><div align="center" class="STYLE1">
        <p>幸运你我他</p>
      </div></td>
    </tr>
    <tr>
      <td bgcolor="#990000"><div align="center">
        <input type="submit" name="Submit" value="抽取" />
      </div></td>
    </tr>
  </table>
  <p align="center"> </p>
</form>
<?php
if(isset($_POST['Submit']) && $_POST['Submit']=="抽取"){
//对表单中的按钮进行判断
$new=intval(mt_rand(10,99));          //通过 intval()函数获取随机数字
echo '幸运数字为'.$new;               //输出随机数字
}
?>
</body>
</html>
```

程序运行结果如图 6-10（a）所示。单击"抽取"按钮，运行结果如图 6-10（b）所示。

107

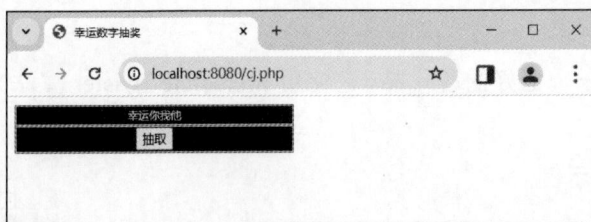

（a）

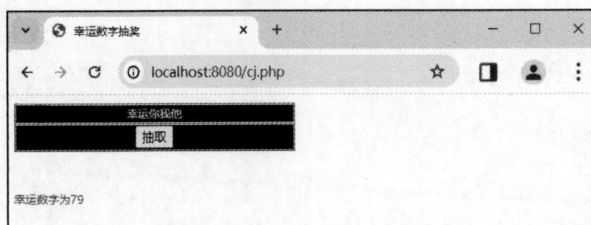

（b）

图 6-10　运行结果

图 6-10（彩色）

【例 6-10】通过 HTML 和 PHP 实现幸运数字抽奖。当用户单击"抽取"按钮时，页面中会显示一个介于 10 和 99 之间的随机数字作为幸运数字。

（3）abs()函数

abs()函数用于求绝对值。

【例 6-11】abs()函数示例。

```php
<?php
echo abs(5)."<br>";        //输出 5
echo abs(-5)."<br>";       //输出 5
echo abs(-10.5)."<br>";    //输出 10.5
echo abs(0)."<br>";        //输出 0
?>
```

程序运行结果如图 6-11 所示。

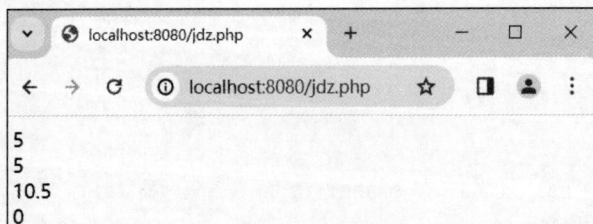

图 6-11　运行结果

（4）round()函数

语法：round($number,$precision)。

number：要四舍五入的数值。

precision：可选参数，指定小数点后的位数。

6-5　round()函数

当 precision≥0 时，看小数部分的 precision+1 位可否四舍五入。

当 precision<0 时，看整数部分的第 precision 位可否四舍五入。

【例 6-12】 round() 函数示例。

```php
<?php
echo round(12.5678,2)."<br>";          //输出 12.57
echo round(123.6789,0)."<br>";         //输出 124
echo round(789.5678,-1)."<br>";        //输出 790
echo round(56.79,3)."<br>";            //输出 56.79
?>
```

程序运行结果如图 6-12 所示。

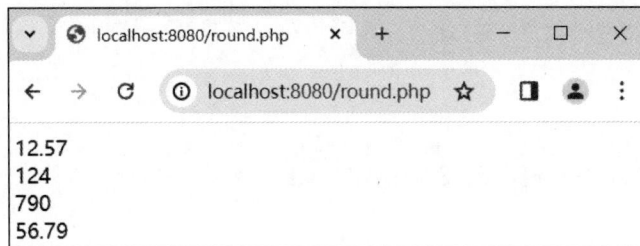

图 6-12　运行结果

6.2.3　字符串处理函数

PHP 提供了丰富的内置字符串处理函数，这些函数旨在执行各类常见的字符串操作。

（1）strlen() 函数

strlen() 函数用于返回字符串的长度。该函数计算并返回字符串中的字节数。这里要注意的是，strlen() 计算的是字节长度，对单字节字符集（如 ISO　8859-1）来说，就是字符的个数；但对多字节字符集（如 UTF-8）来说，一个字符可能由多个字节组成，因此 strlen() 函数返回的可能不是直观的字符数，而是字节数。

【例 6-13】 strlen() 函数示例。

利用 strlen() 函数计算密码长度。

```html
<html>
<head>
<meta http-equiv="Content-Type" content="text/html; charset=utf-8" />
<title>计算密码长度</title>
<style type="text/css">
<!--
.STYLE1 {
    font-size: 12px;
    color: #000000;
}
.STYLE2 {color: #0000FF}
-->
</style>
</head>
<body>
```

```
<form action="" method="post" name="form1" class="STYLE1" id="form1">
  <table width="264" height="55" border="1" cellpadding="1" cellspacing="1">
   <tr>
   <td height="25" bgcolor="#99CC33"><div align="center">
      <span class="STYLE2">密码:
  <input name="pass" type="password" id="pass" size="12" />
    </span>
<input type="submit" name="Submit" value="计算" /></td>
   </tr>
<?php
$pass="";
if(isset($_POST['pass'])&&$_POST['pass']!=""){  //对form表单的文本域进行判断
$pass=$_POST['pass'];//通过$_POST方法调用form表单中文本域的值
}
?>
   <tr>
 <td width="411" height="25" bgcolor="#99CC33"><div align="center"><span
class="STYLE2">密码长度为<?php echo strlen($pass);?></span></div></td>
   </tr>
  </table>
  <p> </p>
</form>
</body>
</html>
```

程序运行结果如图 6-13（a）所示。输入密码"123456"，单击"计算"按钮，运行结果如图 6-13（b）所示。

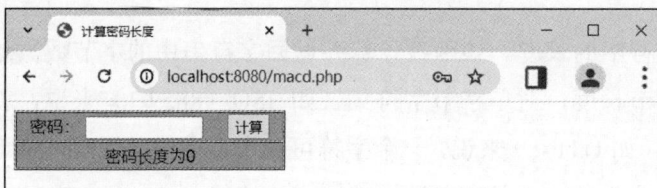

（a）

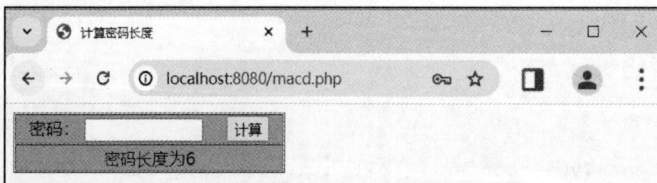

（b）

图 6-13　运行结果

图 6-13（彩色）

> **注意**　如果是处理 UTF-8 编码的字符串，并且需要计算字符数而不是字节数，可以使用 mb_strlen()函数。

（2）substr()函数

substr()函数用于返回字符串的子字符串。

【例 6-14】substr()函数示例。

```php
<?php
$string = "Hello, World!";
$substring = substr($string, 7, 5); //输出"World"
?>
```

程序运行结果如图 6-14 所示。

需注意，在处理包含中文字符的 UTF-8 编码字符串时，即便每个中文字符在 UTF-8 编码中可能由多个字节构成，mb_strlen()函数仍能准确返回字符数，而非字节数。使用 mb_strlen()函数时，需指定字符编码，这里采用的是 UTF-8。

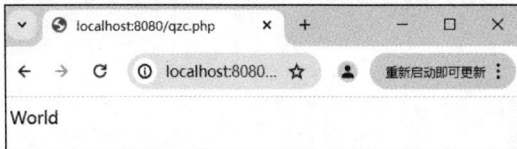

图 6-14　运行结果

（3）empty()函数

在 PHP 里，empty()函数属于内置函数，其作用是检验一个变量是否为"空"。当变量被判定为"空"时，empty()函数会返回 true；反之，则返回 false。

PHP 中 empty()函数对"空"的定义涵盖以下几种情形：

① 空字符串：当变量的值为空字符串（即""）时，会被视为"空"。

② 数值 0：若变量的值为整数 0 或者浮点数 0.0，会被判定为"空"。

③ 字符串"0"：当变量的值为字符串"0"时，同样会被认为是"空"。

④ null 值：变量的值为 null 时，empty()函数会将其判定为"空"。

⑤ 布尔值 false：若变量的值为布尔值 false，会被当作"空"。

⑥ 空数组：当变量的值为空数组（即 array()或者[]）时，empty()函数会返回 true。

⑦ 变量未定义：若变量根本不存在，empty()函数也会将其视为"空"。

需要注意的是，empty()函数在处理变量时，会根据上述规则来判断其是否为空，这有助于开发者在编程过程中对变量的状态进行有效的检查。

接下来通过一个示例来介绍 empty()函数的使用方法。

【例 6-15】empty()函数示例。

6-6【例 6-15】

```html
<html>
<head>
<meta http-equiv="Content-Type" content="text/html; charset=utf-8" />
<title>验证用户名或密码是否为空</title>
<style type="text/css">
<!--
body {
    background-image: url();
    margin-left: 100px;
    margin-right: 100px;
    margin-top: 100px;
    margin-bottom: 100px;
}
.STYLE2 {font-size: 14px}
```

```
    .STYLE3 {color: #0000FF}
    -->
    </style></head>
    <body>
    <form id="form1" name="form1" method="post" action="pdk.php">
       <table width="300" height="222" border="0" cellpadding="0" cellspacing="0"
background="images/1.JPG">
       <tr>
         <td width="101"> </td>
         <td width="141"> </td>
         <td width="40"> </td>
       </tr>
       <tr>
         <td align="right"><span class="STYLE3"><span class="STYLE2">用户名</span>:
</span></td>
         <td><span class="STYLE3">
         <input name="user" type="text" id="user" size="15" />
         </span></td>
         <td> </td>
       </tr>
       <tr>
    <td align="right"><span class="STYLE3">密码: </span></td>
         <td><span class="STYLE3">
    <input name="pass" type="password" id="pass" size="15" />
         </span></td>
         <td> </td>
       </tr>
       <tr>
         <td colspan="3" align="center"><span class="STYLE3">
           <input type="submit" name="Submit" value="登录" />
         </span></td>
       </tr>
       <tr>
         <td> </td>
         <td> </td>
         <td> </td>
       </tr>
     </table>
    </form>
    <?php
    if(isset($_POST['Submit']) && $_POST['Submit']=="登录"){   //通过 isset()函数对"登录"
按钮进行判断
    $user=$_POST['user'];            //通过$_POST 方法调用表单文本域的值
    $pass=$_POST['pass'];
    if(empty($user)||empty($pass)){
    //通过 if 语句判断用户名或密码是否为空
    echo "<script>alert('用户名或密码不能为空');</script>";    //用户名或密码为空时，给出提示
        } }
    ?>
    </body>
    </html>
```

程序运行结果如图 6-15（a）所示；单击"登录"按钮，弹出弹窗，如图 6-15（b）所示。

（a）　　　　　　　　　　　　　　　　　　　　（b）

图 6-15　运行结果

> 在实际开发中，empty()和 isset()函数经常用于条件判断，以确保变量被正确设置并且包含有效的值。

这些只是 PHP 内置函数的一小部分，PHP 提供了非常丰富的函数库来满足各种开发需求。读者可以通过 PHP 官方文档或其他学习资源来查找和了解更多内置函数及其用法。

6.3　函数的嵌套与递归

在 PHP 中，函数的嵌套（nesting）和递归（recursion）是两种重要的函数使用方法，它们分别在不同的情境下有着广泛的应用，接下来深入探讨这两种方法。

6.3.1　函数嵌套

在 PHP 中，函数的嵌套是指在一个函数的内部定义或调用另一个函数。这允许用户创建更复杂的功能和逻辑。函数嵌套可以是内部函数（在另一个函数内部定义的函数），也可以是外部函数（在当前函数作用域之外定义的函数），这种嵌套可以是直接的，也可以是间接的。

【例 6-16】函数嵌套示例。

```php
<?php
function outerFunction() {
 echo "This is the outer function.\n";
    function innerFunction() {      //嵌套的内部函数定义
        echo "This is the inner function.\n";
    }
    innerFunction();                //调用内部函数
}
outerFunction();                    //调用外部函数
?>
```

程序运行结果如图 6-16 所示。

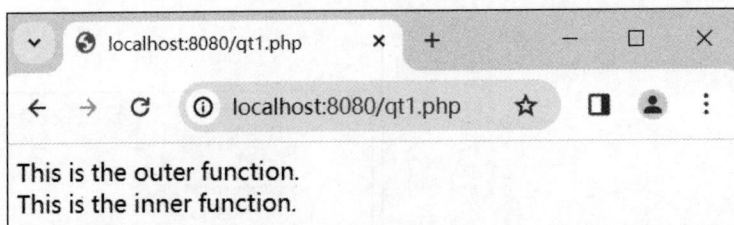

图 6-16   运行结果

内部函数的定义和访问受到严格限制。其作用域仅限于定义它的函数内部，因此在 outerFunction()函数之外无法直接调用 innerFunction()函数。尽管内部函数可以访问外部函数的变量和参数，但外部函数对内部函数的变量只能通过显式传递或返回的方式进行访问。

内部函数在特定场景下虽有一定的用处，但使用时需谨慎。过度依赖内部函数可能导致代码难以理解和维护，尤其是在嵌套层次较深的情况下。因此，在实际开发中，通常建议在全局作用域中定义函数，并在需要时进行调用，以实现代码的模块化。

6.3.2   函数递归

递归是一种特殊的函数调用，函数在其内部调用自身。递归通常用于解决可以分解为更小且结构相似的子问题的问题。例如遍历树形结构、计算阶乘等。同时，递归需要有一个终止条件，否则它将无限循环下去。

【例 6-17】函数递归示例。

用递归的思想求 n 的阶乘（此处以求 5 的阶乘为例）。

6-7【例 6-17】

```php
<?php
    function factorial($n)
    {
        if($n==1)
            return 1; //终止条件
        else
            return $n*factorial($n-1);}  //递归调用
    echo factorial(5);
?>
```

程序运行结果如图 6-17 所示。

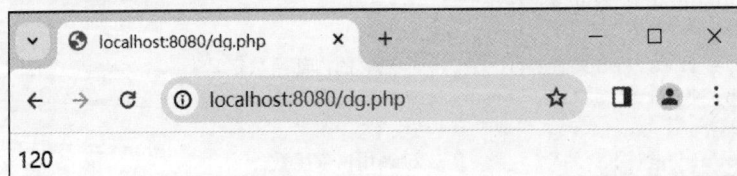

图 6-17   运行结果

在【例 6-17】中，factorial()函数用于计算一个数的阶乘。当 n 为 0 时，函数返回 1（因为 0 的阶乘定义为 1）。当 n 不为 0 时，函数返回$n*factorial($n-1)的结果，这就是递归的部分。通过这种方式，函数可以计算出任意非负整数的阶乘值。

递归函数的设计与实现需谨慎，因为不当的递归可能导致栈溢出或无限循环。应确保递归具备明确的终止条件，且在逻辑上不会诱发无限递归。在实际开发中，递归常被应用于处理树形结构、图形结构、深度优先搜索等问题，这些问题可以分解为较小、结构相似的子问题。

在 PHP 中，函数嵌套和递归是两种不同的函数调用方式，它们有着显著的区别，具体如下。

（1）概念逻辑上的区别。

函数嵌套指的是在一个函数内部调用另一个函数。这种调用关系可以是一层一层的，形成函数调用的层次结构。嵌套函数之间的关系是线性的，即一个函数直接调用另一个函数，而不是调用自身。嵌套的主要目的是更好地组织代码，将复杂的逻辑分解成更小的函数，提高代码的可读性和可维护性。函数嵌套的一个典型例子是，一个处理用户输入的函数可能会调用一个验证输入的函数，而验证函数又可能调用其他辅助函数。这种层次结构使代码更加模块化，每个函数专注于完成一个特定的任务。

递归是一种特殊的函数调用方式，指的是函数直接或间接地调用自身。递归通常用于解决那些可以分解为更小且结构相似的子问题的问题。在递归过程中，函数通过逐步缩小问题的规模，逐渐逼近问题的解决方案，直到达到一个终止条件（也称为基准情况）。当满足终止条件时，递归停止，函数直接返回结果，而不再继续调用自身。以计算阶乘为例，递归的应用非常典型。函数通过调用自身来计算较小数字的阶乘，直到达到终止条件（即 *n* 等于 0 或 1），此时递归结束并返回结果。

（2）调用关系。函数嵌套是一个函数调用另一个函数，形成层次结构；而递归函数是函数直接或间接调用自身。

（3）终止条件。函数嵌套通常没有特定的终止条件，它们按照程序的流程顺序执行；而递归函数必须有明确的终止条件，否则会导致无限递归。

（4）应用场景。函数嵌套主要用于将复杂逻辑分解为更小的函数以提高代码可读性；递归函数则适用于解决可以分解为更小且结构相似的子问题的问题，如遍历树状结构、分治算法等。

需要注意的是，递归虽然强大，但要谨慎使用。不恰当的递归实现可能导致栈溢出或性能问题。在设计递归函数时，应确保递归深度可控，并避免不必要的重复计算。

本章小结

本章主要介绍了 PHP 函数的定义与调用方法，以及 PHP 常用内置函数。此外，还深入探讨了函数的嵌套和递归等。

（1）定义函数。通过定义函数，可以将一段重复代码封装起来，并在需要时调用。在 PHP 中，使用 function 关键字来定义函数，并指定函数名、参数列表和函数体。函数体中的代码定义了函数的功能。

（2）调用函数。一旦函数被定义，就可以通过函数名和参数列表来调用它。调用函数时，会将参数传递给函数，并执行函数体中的代码。函数执行完成后，可以返回结果给调用者。

（3）除了自定义函数外，PHP 还提供了许多内置函数，这些函数可以直接使用，而无须定义。本章介绍了如何使用这些内置函数来简化代码和提高开发效率。

（4）函数的嵌套和递归。嵌套是指在一个函数内部调用另一个函数。这种调用方式可以将复杂的逻辑分解为多个简单的函数，提高代码的可读性和可维护性。而递归则是指一个函数直接或间接地调用自身。递归在处理一些具有递归性质的问题时非常有用，如遍历树形结构、计算阶乘等。

通过本章的学习，读者可掌握 PHP 函数的定义与调用方法，熟悉系统内置函数的使用，并了解函数的嵌套和递归。这将为编写可重用、高效的代码提供有力支持。

本章习题

一、选择题

1. 在 PHP 中，以下哪个关键字用于定义函数？（　　　）

A．function　　　　B．method　　　　C．procedure　　　D．subroutine

2. 以下哪条语句可以正确调用一个名为 calculate 的函数？（　　　）

A．calculate;　　　　　　　　　B．call calculate();

C．calculate();　　　　　　　　D．function calculate();

3. PHP 中的内置函数 strlen()用于做什么？（　　　）

A．计算数组的长度　　　　　　B．计算字符串的长度

C．计算数字的绝对值　　　　　D．转换字符串为小写

4. 在 PHP 中，以下哪个函数可以用于产生随机数？（　　　）

A．strcat()　　　　B．concat()　　　　C．mt_rand()　　　　D．.（点操作符）

5. 下列关于 PHP 函数嵌套的说法中，哪一个是正确的？（　　　）

A．嵌套调用是指一个函数直接或间接地调用自身

B．嵌套调用会导致函数执行效率降低

C．嵌套调用中，内层函数可以访问外层函数的局部变量

D．在 PHP 中，嵌套调用是不被允许的

二、判断题

1. 在 PHP 中，函数可以没有参数，也可以有多个参数，参数之间用逗号分隔。（　　　）

2．PHP 中的内置函数都是不可重写的。（　　　）

3．递归函数必须有一个明确的终止条件，以防止无限递归。（　　　）

三、简答题

1．定义一个 PHP 函数，该函数接收两个参数并返回它们的和。

2．编写一个 PHP 函数，该函数使用递归方式计算一个数的阶乘。

3．写出一个使用函数嵌套的 PHP 代码片段，其中一个函数用于计算圆的面积，另一个函数用于计算圆柱体的体积（使用圆的面积函数）。

本章实训

一、实训目的

通过本次实训，掌握 PHP 函数的定义与调用方法，了解 PHP 内置函数的使用方法，并熟悉函数的嵌套与递归技巧。通过实践操作，加深对函数概念的理解，提高编程能力和解决问题的能力。

二、实训要求

1．函数定义与调用

定义至少 3 个不同类型的 PHP 函数（包括有参函数、无参函数）。

在一个独立的 PHP 脚本中调用这些函数，并验证执行结果。

2．内置函数

使用至少 5 个不同的 PHP 内置函数，完成字符串处理、数组操作或文件操作等。

展示这些函数在实际代码中的应用。

3．函数嵌套与递归

编写一个包含函数嵌套的例子。

编写一个递归函数，如计算斐波那契数列。

4．错误处理与调试

在代码中故意引入一个错误，然后使用适当的调试工具或技术来解决它。

提交修复后的代码，并描述你是如何找到并解决问题的。

三、实训步骤

1．函数定义与调用实践

（1）使用 function 关键字定义无参函数、有参函数。

（2）在主程序中调用这些函数，传递正确参数并检查返回值，验证函数功能。

2．系统内置函数应用探索

（1）查阅 PHP 官方文档，根据任务需求选择合适的内置函数，如 strlen()函数、substr()函数、array_map()函数、file_get_contents()函数等。

（2）在代码中集成这些函数，展示它们如何简化代码逻辑或解决特定问题。

3．函数嵌套与递归实现

（1）编写函数嵌套示例，如一个函数内部调用另一个函数进行处理。

（2）实现递归函数计算斐波那契数列，确保设置明确的递归终止条件。

```
function fibonacci($n) {
    if ($n <= 1) return $n;
    return fibonacci($n - 1) + fibonacci($n - 2);
}
```

4．错误处理与调试练习

（1）故意在代码中引入错误，如类型错误、逻辑错误或语法错误，如：

```
function divide($a, $b) {
return $a / $b; // 当$b 为 0 时，会引发错误
}
```

（2）使用调试工具（如 Xdebug、Visual Studio Code 调试器）设置断点、观察变量，定位并修复错误。

（3）提交修复后的代码，并详细解释错误原因及解决过程。

四、实训注意事项

1．代码规范

（1）编写代码时，注意遵循 PHP 的代码规范，包括命名约定、缩进规则和注释方式等。

（2）保持代码简洁、易读，方便他人理解和维护。

2．调试与测试

（1）在编写代码的过程中，及时使用调试工具进行调试和测试。

（2）确保每个函数的功能都正确实现。

3．函数设计

（1）在设计函数时，要注意函数的单一职责原则，避免函数功能过于复杂。

（2）函数参数应该清晰、明确，方便调用者理解和使用。

4．递归安全

（1）在编写递归函数时，要确保递归有明确的终止条件，避免无限递归。

（2）对于递归调用，要注意栈溢出的问题，避免处理过多的数据或过深的递归层次。

5．文档与注释

（1）为自定义函数和内置函数的使用提供适当的文档和注释。

（2）说明函数的功能、参数和返回值，方便他人理解和使用。

6．交流与合作

（1）在实训过程中，可以与同学进行讨论和交流，共同解决问题和分享学习经验。

（2）可以寻求教师的指导和帮助，以提高实训效果和学习质量。

第 **7** 章 PHP 与 Web 页面交互

在数字时代，PHP 作为一种广泛使用的服务器端脚本语言，发挥着至关重要的作用。特别是在构建动态 Web 页面时，PHP 与 Web 页面的交互显得尤为关键。本章将深入探讨这一交互过程，并讲解 PHP 如何巧妙地从各种来源收集和处理用户数据。

想象一下，当用户在一个 Web 表单中输入他们的信息并单击"提交"按钮时，背后的 PHP 代码是如何默默地工作，将这些数据收集并整合的。又或者，当 Web 页面需要从数据库中检索特定信息以展示给用户时，PHP 又是如何与数据库进行交互，确保数据的准确和安全的。此外，随着现代 Web 技术的发展，API（Application Program Interface，应用程序接口）已成为数据交互的重要桥梁，PHP 同样能够与其进行高效沟通，实现数据的传递和共享。

本章将讲解 PHP 与 Web 页面交互，探索数据采集的多种方式，以及 PHP 是如何帮助开发者构建出功能强大、交互性强的 Web 应用程序的。

【本章知识结构】

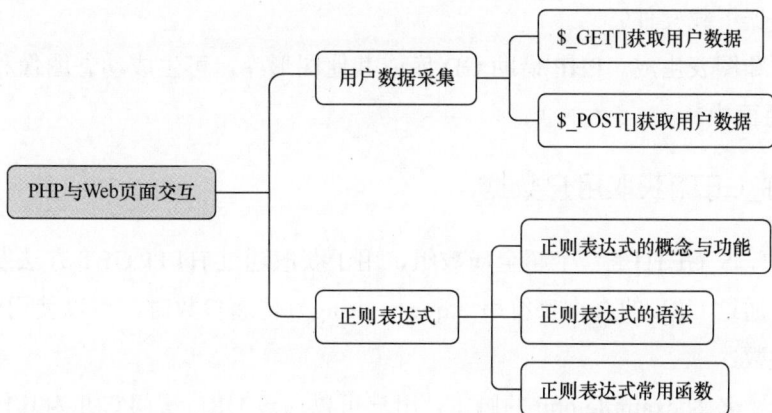

119

【本章学习目标】

1. 掌握用户数据的获取方法。
2. 熟悉正则表达式的构建。

7.1 用户数据采集

PHP 作为一种服务器端脚本语言，广泛应用于 Web 开发领域，其主要功能包括创建动态 Web 页面和处理 Web 表单数据。在 PHP 与 Web 页面交互的过程中，主要涉及以下几方面内容。

（1）动态内容生成。PHP 可嵌入 HTML 页面中，根据服务器端的数据和逻辑生成动态内容。当 Web 服务器接收到请求时，会解析 PHP 代码，并将解析结果发送至客户端（通常为 Web 浏览器）。

（2）表单数据处理。PHP 具备处理 HTML 表单提交的数据的能力。当用户通过表单提交信息时，PHP 可以捕获这些数据，并进行验证、存储或执行其他相应操作。例如，一个注册表单可能将用户信息存储至数据库中。

（3）会话管理。PHP 支持会话管理，允许服务器在用户多次页面请求之间保持数据。这通常用于跟踪用户登录状态、购物车内容等。

（4）数据库交互。PHP 能够与数据库进行交互，从数据库中检索数据或向数据库插入数据。这对构建具有数据检索和存储功能的 Web 应用程序至关重要。

（5）用户身份验证与授权。PHP 可用于实现用户身份验证和授权机制，确保只有经过验证的用户才能访问特定页面或执行特定操作。

（6）API 生成。PHP 可用于构建 Web API，以便其他应用程序或服务与 Web 应用程序进行交互。

（7）文件上传与下载。PHP 能够处理文件上传和下载操作。用户可将文件上传至服务器，或从服务器下载文件。

（8）图像和图表生成。PHP 借助 GD 库或其他图形库，可生成动态图像和图表，并将其嵌入 Web 页面中。

7.1.1 $_GET[]获取用户数据

在 PHP 中，$_GET[]是一个超全局数组，用于获取通过 HTTP GET 方法发送到当前脚本的参数。当通过 URL 的查询字符串（query string）传递参数时，可以使用$_GET[]数组来访问这些参数。

假设有一个名为 example.php 的脚本，用户可以通过 URL 访问它并为其传递一个名为 username 的参数。URL 可能为 http://example.com/example.php?username=johndoe。

在 example.php 脚本中，可以使用$_GET['username']来获取 username 参数的值，如下所示。

```php
<?php
//获取通过 GET 方法传递的 username 参数
$username = $_GET['username'];
echo "用户名是" . $username;    //输出获取到的用户名
?>
```

上例将输出"用户名是 johndoe"。

> **注意**　　$\_GET[]数组中的键是参数的名字，而对应的值是参数的值。如果用户没有传递某个参数，尝试访问该参数将会导致一个未定义键的错误。因此，在访问$_GET[]数组中的元素之前，最好先检查该元素是否存在。

此外，由于$\_GET[]数组中的数据直接来源于 URL，因此可能存在安全风险，如 URL 注入攻击。在使用$_GET[]获取用户数据时，务必进行适当的验证和过滤，以确保数据的安全性。

【例 7-1】$_GET[]示例。

7-1 【例 7-1】

```html
<html>
<head>
<meta http-equiv="Content-Type" content="text/html; charset=utf-8" />
<title>获取表单元素文本框的值</title>
<style type="text/css">
body, td, th {
    color: #FF0000;
    font-size: 18px;
}
.STYLE1 {
    color: #000000; /* 假设颜色为黑色 */
    font-family: Arial, sans-serif; /* 假设字体为 Arial */
}
</style>
</head>
<body>
<?php
if (isset($_GET['Submit']) && $_GET['Submit'] == "提交") {
    $bh = isset($_GET['accounts']) ? htmlspecialchars($_GET['accounts']) : '';
    echo "<script>alert('您输入的卡号为" . $bh . "')</script>";
}
?>
<form id="form1" name="form1" method="get" action="">
    <label for="accounts">卡号: </label>
    <input name="accounts" type="text" id="accounts" value="请输入卡号" size="15">
    <input type="submit" name="Submit" value="提交">
</form>
</body>
</html>
```

程序运行结果如图 7-1（a）所示。输入卡号"12345678"，单击"提交"按钮，运行结果如图 7-1（b）所示。

121

（a）

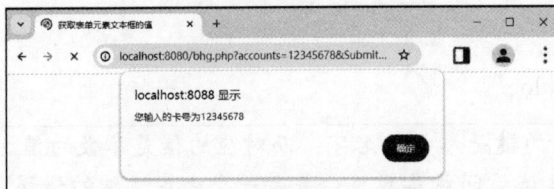

（b）

图 7-1　运行结果

图 7-1（彩色）

在【例 7-1】中，程序主要从表单里获取文本框的值（卡号），当表单提交时会弹出提示框显示该值。但此时浏览器地址栏会显示用户输入的数据，这种情况存在安全性问题，用户信息有泄露风险。若将 method="get"方式替换为 method="post"方式，浏览器地址栏就不会显示用户数据，从而可以保障用户数据安全。

7.1.2　$_POST[]获取用户数据

$_POST[]是用于获取通过 HTTP POST 方法发送到当前脚本的参数的数组。当用户通过 HTML 表单提交数据时，数据通常以 POST 方式发送，可以使用$_POST[]来获取表单字段的值。

【例 7-2】$_POST[]示例。

```html
<html>
<head>
<meta http-equiv="Content-Type" content="text/html; charset=utf-8" />
<title>获取表单元素文本框的值</title>
<style type="text/css">
<!--
body,td,th {
    color: #FF0000;
    font-size: 18px;
}
.STYLE1 {
    color: #ff0000;    /* 红色 */
    font-family: Arial;/* 字体设置为 Arial */
}
-->
</style></head>
<body>
<?php
if(isset($_POST['Submit']) and $_POST['Submit']=="提交")
{    $bh=$_POST['accounts'];
    echo "<script>alert('您输入的卡号为$bh')</script>";          }
?>
```

```
<form id="form1" name="form1" method="post" action="">
 <label>
 卡号：
 <input name="accounts" type="text" id="accounts" values="请输入卡号" size=15>
 </label>
 <label>
 <input type="submit" name="Submit" value="提交" />
 </label>
</form>
</body>
</html>
```

图 7-2（彩色）

程序运行结果如图 7-2（a）所示。输入卡号"12345678"，单击"提交"按钮，运行结果如图 7-2（b）所示。

（a）   （b）

图 7-2   运行结果

> GET 方法会将表单数据附加到 URL 上，作为 URL 的一部分发送至服务器。相比之下，POST 方法不依赖 URL，不会将传递的参数值显示在地址栏中，且不会无限制地传递数据至服务器。POST 方法在后台传输数据，用户在浏览器中无法窥见这一过程，因此具有较高的安全性。综上，POST 方法适用于发送保密数据或大量数据至服务器的情况。此外，在获取数据时，应严格区分字母大小写。

7.2   正则表达式

正则表达式（Regular Expression，常写为 regex、regexp 或 RE）是一种强大的文本处理工具，它使用一种特殊的、具有预定义模式的字符串来匹配、查找以及替换那些符合某个模式（规则）的文本。正则表达式的组成可以非常简单，也可以非常复杂，这取决于用户想要匹配的文本模式。

7.2.1   正则表达式的概念与功能

（1）正则表达式的概念

正则表达式，又称为规则表达式，是一种文本模式，由普通字符（例如，a 到 z 的字母）和特殊字符（也称"元字符"）组成，属计算机科学领域的一个概念。正则表达式作为一种逻辑公式，用于对字符串进行操作，通过预先定义的一系列特定字符及其组合，形成一个"规则字符串"，以表达对字符串的过滤逻辑。

（2）正则表达式的功能

正则表达式的功能主要有以下几点。

① 搜索与匹配。正则表达式可以用于在一段文本中搜索符合特定模式的字符串。例如，可以使用正则表达式来搜索包含特定关键词的文本。

② 验证。正则表达式也可以用于验证字符串是否符合某种特定的格式。例如，可以使用正则表达式来验证电子邮箱地址、电话号码、密码等是否符合规范。

③ 替换。正则表达式还允许用户将匹配的字符串替换为其他字符串。这在文本处理和数据清洗中非常有用，如可以将日期格式统一、去除不必要的空格等。

④ 分割。正则表达式也可以用于将字符串按照特定的模式进行分割。例如，可以使用正则表达式将一行文本以逗号或其他分隔符分割成多段。

总的来说，正则表达式是一种非常强大的文本处理工具，它提供了一种灵活且直观的方式来处理字符串数据。在许多编程语言和应用程序中，正则表达式都是不可或缺的一部分。

7.2.2　正则表达式的语法

正则表达式的语法规则非常丰富，下面列举一些常见的语法规则。

（1）字符类别

\d：匹配任意数字字符，相当于[0-9]。

\D：匹配任意非数字字符，相当于[^0-9]。

\w：匹配任意字母、数字或下画线字符，相当于[A-Za-z0-9_]。

\W：匹配任意非字母、数字或下画线字符，相当于[^A-Za-z0-9_]。

\s：匹配任意空白字符（包括空格、制表符、换行符等）。

\S：匹配任意非空白字符。

（2）特殊字符

.（点号）：匹配除换行符以外的任意字符。

^：匹配输入字符串的开始位置。

$：匹配输入字符串的结束位置。

|：或操作符，匹配|前后的任意一个表达式。

\：转义字符，用于转义特殊字符。

（3）限定符

*：匹配前面的子表达式 0 次或多次。

+：匹配前面的子表达式一次或多次。

?：匹配前面的子表达式 0 次或一次。

{n}：n 是一个非负整数，匹配前面的子表达式 n 次。

{n,}：n 是一个非负整数，匹配前面的子表达式至少 n 次。

{n,m}：m 和 n 均为非负整数，其中 n≤m，匹配前面的子表达式至少 n 次且最多 m 次。

（4）字符集合

[xyz]：字符集合，匹配所包含的任意一个字符。

[^xyz]：负向字符集合，匹配未包含的任意字符。

[a-z]：字符范围，匹配指定范围内的任意字符。

[^a-z]：负向字符范围，匹配不在指定范围内的任意字符。

（5）分组与引用

(pattern)：捕获分组，匹配 pattern 并捕获匹配结果。

(?:pattern)：非捕获分组，匹配 pattern 但不捕获匹配结果。

\n：引用第 n 个捕获分组（n 是一个数字）。

（6）零宽断言

(?=pattern)：正向零宽断言，断言其后有匹配 pattern 的内容。

(?!pattern)：负向零宽断言，断言其后没有匹配 pattern 的内容。

(?<=pattern)：正向后视断言，断言其前有匹配 pattern 的内容。

(?<!pattern)：负向后视断言，断言其前没有匹配 pattern 的内容。

（7）贪婪与懒惰匹配

贪婪模式（默认）：尽可能多地匹配。

懒惰模式：尽可能少地匹配，通过在限定符后面加上?来实现，如*?、+?、??、{n,}?等。

（8）其他

\b：匹配一个单词边界（即字符与空白字符间的位置）。

\B：匹配非单词边界的位置。

(?#comment)：注释，不影响正则表达式的匹配功能。

这些语法规则可以根据需要进行组合和嵌套，以创建复杂的正则表达式。注意，不同编程语言或工具中的正则表达式语法规则可能略有差异，在使用时需要查阅相关文档以确认具体语法规则。

举例如下。

' [A-Za-z0-9] '：匹配所有的大写字母、小写字母及数字 0～9。

' ^hello'：匹配以 hello 开始的字符串。

' world$'：匹配以 world 结尾的字符串。

'.at'：匹配以除"\n"外的任意单个字符开头并以"at"结尾的字符串，如"cat""nat"等。

'^[a-zA-Z] '：匹配以字母开头的字符串。

'hi{2}'：匹配字母 h 后跟着两个 i（即 hii）的字符串。

' (go)+ '：匹配至少含有一个"go"字符串的字符串，如"gogo"。

7.2.3 正则表达式常用函数

（1）preg_match()：字符匹配查找函数

语法： int preg_match(string $pattern, string $subject [, array $matches [, int $flags[,int $offset]]])。

> **说明**　在 subject 字符串中搜索与 pattern 给出的正则表达式相匹配的内容。preg_match()函数返回 pattern 所匹配的次数。

匹配次数不是 0 次（没有匹配）就是 1 次，因为 preg_match()函数在第一次匹配之后将停止搜索。

【例 7-3】preg_match()函数示例。

```php
<?php
$pattern = '/^Hello,\w+$/';
$subject = 'Hello,World!';
$matches = array();
if (preg_match($pattern, $subject, $matches))
{ echo '找到匹配项: ', $matches[0];
} else
{ echo '未找到匹配项。'; }
?>
```

程序运行结果如图 7-3 所示。

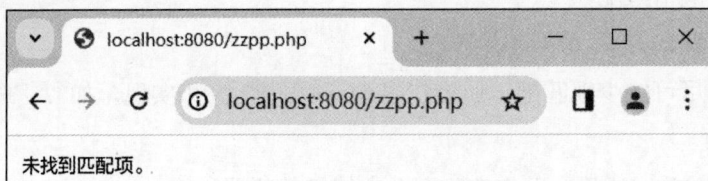

图 7-3　运行结果

程序中定义了一个正则表达式模式 pattern。这个模式的意义如下。

① ^：表示字符串的开始。

② Hello,：匹配文本"Hello,"。

③ \w：匹配任意字母、数字和下画线（又叫单词字符）。

④ +：表示前面的\w 可以出现一次或多次。

⑤ $：表示字符串的结束。

因此，这个正则表达式匹配任何以"Hello,"开头，后面跟着一个或多个单词字符，并且字符串到此结束，没有其他多余字符的字符串。

preg_match()函数用于执行一个正则表达式匹配。如果 subject 字符串与 pattern 匹配，preg_match()函数返回 1，并将匹配结果存储在 matches 数组中。

如果 preg_match()函数返回 1（即匹配成功），则输出"找到匹配项："和匹配到的整个字符串（如在本例中是"Hello,World!"）。否则，输出"未找到匹配项。"

对于这段程序和给定的 subject 字符串"Hello,World!"不符合 pattern 定义的规则，最后多了一个"!"。

（2）preg_replace()：字符搜索和替换函数

【例 7-4】preg_replace()函数示例。

```php
<?php
$pattern = '/\w+/';
$subject = 'Hello,World!';
$replacement = 'Word';
echo preg_replace($pattern, $replacement, $subject)."<br>";
//输出：Word,Word!
   //使用回调函数进行替换
echo preg_replace_callback($pattern, function ($matches) {
      return strtoupper($matches[0]);
}, $subject);  //输出 HELLO,WORLD!
?>
```

7-2【例 7-4】

程序运行结果如图 7-4 所示。

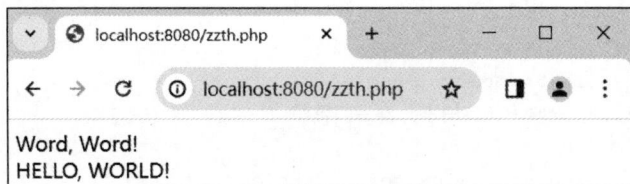

图 7-4　运行结果

在【例 7-4】中，使用了正则表达式、preg_replace()函数以及 preg_replace_callback()函数来进行字符串的替换操作。下面是对这段代码的详细解释。

① 定义正则表达式模式。

```
$pattern = '/\w+/';
```

这里定义了一个正则表达式模式 pattern。\w+的意思是匹配一个或多个单词字符（相当于[a-zA-Z0-9_]）。因此，这个模式会匹配 Hello 和 World 这两个单词。

② 定义要替换的字符串。

```
$subject = 'Hello,World!';
```

这里定义了一个字符串 subject，其值为"Hello,World!"。

③ 定义替换字符串。

```
$replacement = 'Word';
```

这里定义了一个字符串 replacement，其值为"Word"。

④ 使用 preg_replace()函数进行替换。

```
echo preg_replace($pattern, $replacement, $subject)."<br>";
```

preg_replace()函数用于在 subject 字符串中查找与 pattern 匹配的部分，并用 replacement 替换它们。由于 pattern 匹配了"Hello"和"World"，所以这两个词都被替换成了"Word"。输出结果是"Word,Word!"，后面跟着一个换行符
。

⑤ 使用 preg_replace_callback()函数进行替换。

```
echo preg_replace_callback($pattern, function ($matches) {
    return strtoupper($matches[0]);
}, $subject);
```

preg_replace_callback()函数与 preg_replace()函数类似，但它接收一个回调函数作为替换参数。这个回调函数会在每次找到匹配项时被调用，并且接收一个包含匹配项的数组 matches。在这个例子中，回调函数简单地将匹配到的单词（matches[0]）转换为大写（使用 strtoupper()函数），并返回转换后的结果。因此，"Hello"和"World"都被替换成了它们的大写形式"HELLO"和"WORLD"。输出结果是"HELLO,WORLD!"。

总结起来，这段代码首先使用 preg_replace()函数将"Hello"和"World"替换为"Word"，然后使用 preg_replace_callback()函数将它们替换为大写形式。

（3）preg_split()：通过正则表达式来分割字符串的函数

【例 7-5】preg_split()函数示例。

```
<?php
$pattern = '/[\s,]+/';
$subject = 'Hello,World! This is a test.';
$parts = preg_split($pattern, $subject);
print_r($parts)."<br>";  //输出分割后的数组
 //限制分割段数
$limitedParts = preg_split($pattern, $subject, 3);
print_r($limitedParts)."<br>";  //输出前 3 个分割段
?>
```

程序运行结果如图 7-5 所示。

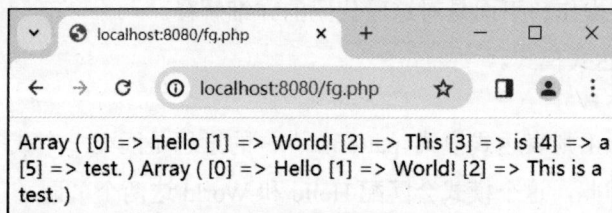

图 7-5 运行结果

【例 7-5】主要使用了 preg_split()函数，该函数根据正则表达式来分割字符串。以下是代码的详细解释。

① 定义正则表达式模式。

```
$pattern = '/[\s,]+/';
```

这个正则表达式模式 pattern 匹配一个或多个空白字符（\s）或者逗号（,）。[\s,]+表示匹配任何连续的空白字符或逗号。

② 定义要分割的字符串。

```
$subject = 'Hello,World! This is a test.';
```

这里定义了一个字符串 subject，其值为"Hello,World! This is a test."。

③ 使用 prcg_split()函数进行分割。

```
$parts = preg_split($pattern, $subject);
```

preg_split()函数根据 pattern 中的正则表达式来分割 subject 字符串。分割后的结果（即各个部分）被存储在数组 parts 中。

print_r($parts)."
"; 语句将输出这个数组的内容。由于 pattern 匹配空白字符和逗号，所以"Hello,World! This is a test."会被分割为"Hello""World!""This""is""a""test."这些部分。

④ 限制分割段数。

```
$limitedParts = preg_split($pattern, $subject, 3);
```

这一次，preg_split()函数除了接收了正则表达式模式和要分割的字符串外，还接收了一个额外的参数 3。这个参数限制了分割段数，即最多只返回前 3 个分割部分。

print_r($limitedParts)."
"; 语句将输出限制了分割段数的数组内容。由于限制了只返回前 3 个部分，所以结果将是"Hello""World!""This is a test."。注意，这里"This is a test."是一个整体，是第三个部分，即使其中还包含其他空白字符和逗号，它也不会被进一步分割。

总结如下。

第一个 preg_split()函数将字符串按照空白字符和逗号进行完全分割。

第二个 preg_split()函数在分割字符串时限制了返回的段数，只返回前 3 个分割部分。

【例 7-6】正则表达式综合示例。

程序功能：验证用户注册页面，包含 hpage.php 和 ppage.php 两个页面。

（1）hpage.php 源代码

7-3 【例 7-6】

```
<html>
<head>
<meta http-equiv="Content-Type" content="text/html; charset=
utf-8"/>
    <title>注册页面</title>
    <style type="text/css">
    <!--
        .STYLE1{font-size: 14px; color:red;}
    -->
    div{
        text-align:center;
        font-size:24px;
        color:#0000FF;
    }
    table{
        margin:0 auto;
    }
    </style>
</head>
<body>
<form name="fr1" method="post" action="ppage.php">
```

129

```
            <div>新用户注册</div>
            <table border="1">
                <tr>
                    <td>用户名：</td>
                    <td><input type="text" name="ID"></td>
                    <td class="STYLE1">* 不超过 10 个字符（数字、字母和下画线）</td>
                </tr>
                <tr>
                    <td>密码：</td>
                    <td><input type="password" name="PWD" size="21"></td>
                    <td class="STYLE1">* 4～14 个数字</td>
                </tr>
                <tr>
                    <td>手机号码：</td>
                    <td><input type="tel" name="PHONE"></td>
                    <td class="STYLE1">* 11 位数字，第一位为 1</td>
                </tr>
                <tr>
                    <td>邮箱：</td>
                    <td><input type="email" name="EMAIL"></td>
                    <td class="STYLE1">* 有效的邮箱地址</td>
                </tr>
                <tr>
                    <td colspan="3" align="center">
                    <input type="submit" name="GO" value="注册">   
                    <input type="reset" name="NO" value="取消">
                    </td>
                </tr>
            </table>
    </form>
</body>
</html>
```

（2）ppage.php 源代码

```
<?php
        include 'hpage.php';
        $id=$_POST['ID'];
        $pwd=$_POST['PWD'];
        $phone=$_POST['PHONE'];
        $Email=$_POST['EMAIL'];
        $checkid=preg_match('/^\w{1,10}$/',$id);
        //检查字符串是否在 10 个字符以内
        $checkpwd=preg_match('/^\d{4,14}$/',$pwd);
        //检查是否是 4～14 个数字
        $checkphone=preg_match('/^1\d{10}$/',$phone);
        //检查是否是以 1 开头的 11 位数字
        //检查邮箱地址的合法性
        $checkEmail=preg_match('/^[a-zA-Z0-9_\-]+@[a-zA-Z0-9\-]+\.
[a-zA-Z0-9\-\.]+$/',$Email);
    if($checkid&&$checkpwd&&$checkphone&&$checkEmail)          //如果都为 1，则注册成功
```

```
            echo "注册成功！";
        else
            echo "注册失败，格式不对";
    ?>
```

程序运行结果如图 7-6（a）所示。输入正确的用户名、密码、手机号码和邮箱信息后，单击"注册"按钮，运行结果如图 7-6（b）所示。

（a）

（b）

图 7-6　运行结果

图 7-6（彩色）

【例 7-6】中涵盖了构建网站登录验证所需的正则表达式，这些正则表达式主要适用于用户名、密码、手机号码和电子邮箱地址等常见字段的验证。这些正则表达式的使用，有助于确保用户输入的数据符合预设的规范，从而提高网站的安全性和用户体验。

下面对【例 7-6】进行详细解释。

这个程序包含两个 PHP 页面：hpage.php（用户注册页面）和 ppage.php（处理注册信息的页面）。

（1）hpage.php

这是一个简单的 HTML 页面，用于显示用户注册表单。

头部信息：定义了页面的编码为 UTF-8，以及页面的标题为"注册页面"。

主体信息：定义了一些简单的 CSS 样式，用于格式化页面上的文本、表格和按钮。

（2）表单

表单使用 POST 方法提交数据到 ppage.php 页面。

表单中有 4 个字段：用户名（ID）、密码（PWD）、手机号码（PHONE）和邮箱地址（EMAIL）。

每个字段后面都有一个红色的提示信息，用于指导用户输入正确的格式。

表单下方有两个按钮，一个用于提交表单（注册），另一个用于重置表单（取消）。

（3）ppage.php

这个页面用于处理 hpage.php 表单提交的数据，并进行验证。

使用 include 语句包含 hpage.php 的内容。虽然这不是一个常见的做法（通常不会在处理页面包含表单页面），但这里是为了简化代码或者复用某些内容，才应用 include 语句。

（4）获取 POST 数据

从$_POST[]超全局数组中获取用户提交的 4 个字段的值。

（5）正则验证

$checkid：检查用户名是否只包含字母、数字和下画线，并且长度不超过 10 个字符。

$checkpwd：检查密码是否只包含数字，并且长度为 4 到 14 个字符。

$checkphone：检查手机号码是否以 1 开头，并且总共 11 位数字。

$checkEmail：检查邮箱地址是否符合常见的邮箱地址格式。

（6）输出结果

如果 4 个验证条件都满足，则输出"注册成功！"。

否则，输出"注册失败，格式不对"。

注意　此示例仅展示了正则表达式的基本验证，还需要注意的是此处正则表达式对密码的验证只考虑了数字。通常，密码包含更多类型的字符，如字母、特殊符号等。

邮箱地址的验证虽然在一定程度上是有效的，但并不能完全保证邮箱地址的合法性。更全面的验证可能需要使用专门的邮箱验证服务。

这个程序没有进行任何数据库操作，只是进行了前端验证。在实际应用中，还需要在后端对输入数据进行进一步的验证和存储。

本章小结

本章深入探讨了 PHP 与 Web 页面交互的核心概念和技术。

（1）介绍了获取用户数据的基本方法，了解了如何从 Web 表单收集和处理用户输入或生成的数据。这一部分是构建 Web 应用程序的基础，确保了数据的正确性和安全性。

（2）重点探讨了$_GET[]和$_POST[]，它们在 PHP 中常用于获取表单数据。$_GET[]主要用于获取通过 URL 传递的数据，而$_POST[]则用于获取通过 HTTP POST 方法提交的数据。深入介绍了它们的使用方式、注意事项等，确保在实际开发中能够正确、安全地处理用户输入。

（3）介绍了正则表达式的构建和使用。正则表达式作为　种强大的文本处理工具，在 PHP 中有着广泛的应用。讲解了正则表达式的语法、常用模式和函数，以及如何结合 PHP 的内置函数进行模式匹配、数据提取和替换等操作。这为后续处理复杂的文本数据提供了有力的支持。

通过本章的学习，读者不仅可以掌握实现 PHP 与 Web 页面交互的基本技能，还可以提升在实际开发中处理用户数据和文本数据的能力。这些知识和技能将为构建功能强大、交互性强的 Web 应用程序奠定坚实的基础。

本章习题

一、选择题

1．在 PHP 中，要获取通过 URL 传递的参数，应该使用哪个超全局数组？（　　）

　　A．$_GET[] 　　　　　　　　　　　　B．$_POST[]

　　C．$_REQUEST[] 　　　　　　　　　　D．$_SESSION[]

2．当提交一个 HTML 表单，并且该表单的 method 属性为 post 时，PHP 中用于获取表单数据的超全局数组是？（　　）

　　A．$_GET[] 　　　　　　　　　　　　B．$_POST[]

　　C．$_REQUEST[] 　　　　　　　　　　D．$_COOKIE[]

3．在 PHP 中，$_GET[]和$_POST[]的主要区别是什么？（　　）

　　A．它们处理的数据类型不同 　　　　　B．它们获取数据的来源不同

　　C．它们的安全性不同 　　　　　　　　D．它们的性能不同

4．正则表达式中，"."代表什么？（　　）

　　A．匹配除换行符以外的任意字符 　　　B．匹配数字

　　C．匹配字母 　　　　　　　　　　　　D．匹配空白字符

5．下列哪个函数用于在 PHP 中执行正则表达式匹配？（　　）

　　A．preg_match() 　　　　　　　　　　B．strpos()

　　C．strstr() 　　　　　　　　　　　　D．explode()

二、判断题

1．在 PHP 中，$_GET[]和$_POST[]都可以用于获取通过 HTTP POST 方法提交的表单数据。（　　）

2．正则表达式中的*表示匹配前面的子表达式 0 次或多次。（　　）

3．GET 方法比 POST 方法更安全，因为它不会在请求体中发送数据。（　　）

三、简答题

1．描述在 PHP 中如何获取用户通过表单提交的数据。

2．简述$_GET[]和$_POST[]在 PHP 中的作用，并指出它们之间的主要区别。

3．编写一个 PHP 脚本，创建一个简单的 HTML 表单，并使用$_POST[]获取用户提交的数据。

4．简述正则表达式在 PHP 中的作用，并给出一个使用正则表达式匹配字符串的示例。

本章实训

一、实训目的

本次实训旨在加深学生对获取用户数据方法的理解，掌握 PHP 中$_GET[]和$_POST[]的基本用法，以及正则表达式的构建技巧。通过实际操作，提高学生在 Web 开发中的数据处理能力，为以后的项目开发打下坚实基础。

二、实训要求

1．熟练掌握通过不同方式获取用户数据的方法，包括但不限于表单提交、URL 参数等。

2．深入理解$_GET[]和$_POST[]在 PHP 中的使用，能够区分二者在获取数据时的差异和应用场景。

3．熟练掌握正则表达式的构建规则，能够编写简单的正则表达式以实现字符串的匹配、提取和替换等操作。

三、实训步骤

1．理论学习

（1）学习用户数据获取的基础知识，了解$_GET[]和$_POST[]的工作原理。

（2）学习正则表达式的基础知识。

2．实践操作

（1）使用 PHP 编写简单的 Web 页面，包含表单元素，并通过$_GET[]和$_POST[]分别获取表单数据。

（2）利用正则表达式实现字符串的匹配和提取，如邮箱地址验证、电话号码提取等。

3．综合应用

设计一个实际的应用场景，如用户注册表单验证，要求同时使用$_GET[]和$_POST[]获取数据，并使用正则表达式对用户输入进行验证。

四、实训注意事项

1．安全性考虑

（1）在处理用户数据时，始终注意数据的安全性和验证，避免潜在的安全漏洞，如 SQL 注入、跨站脚本攻击（Cross Site Scripting，XSS）等。

（2）对用户输入的数据进行适当的过滤和转义，确保应用程序的安全。

2．代码可读性

编写代码时，注意代码的简洁性和可读性，可适当添加注释说明。

3．错误处理

在使用$_GET[]和$_POST[]获取数据时，应检查变量是否存在、是否为预期的数据类型，并进行适当的错误处理。

4．正则表达式调试

在构建正则表达式时，可能会遇到匹配结果不符合预期的情况，此时应使用调试工具或在线正则表达式测试工具进行调试。

5．实训总结

实训结束后，对所学内容进行总结，记录遇到的问题和解决方案，以便日后复习和参考。

第 8 章 PHP 与 MySQL 数据库协同工作

PHP 是一种流行的服务器端脚本语言，而 MySQL 是一个功能强大的关系数据库管理系统。PHP 与 MySQL 协同工作，可以构建动态、交互式的 Web 应用程序。PHP 提供了一系列的函数和扩展，使与 MySQL 数据库的交互变得简单而高效。

【本章知识结构】

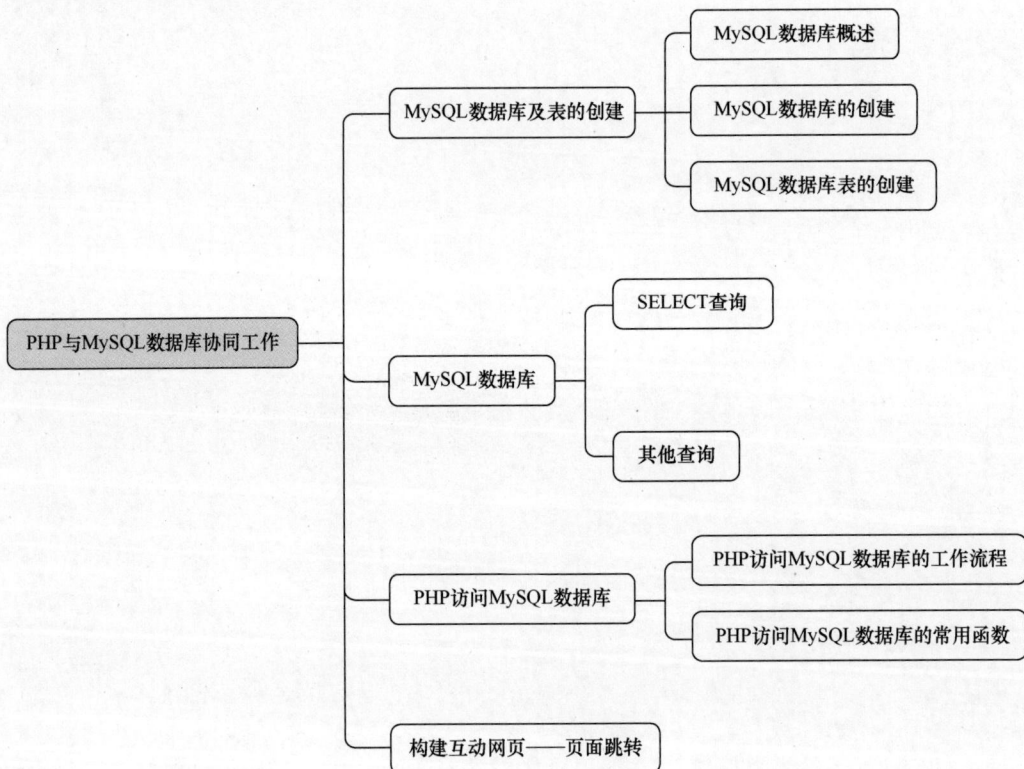

【本章学习目标】

1. 掌握 MySQL 数据库的基本操作，包括创建、查询、更新和删除。
2. 理解 PHP 与 MySQL 的交互方式，包括连接、查询和处理结果。
3. 能够设计简单的基于 PHP 和 MySQL 的互动网页。

8.1　MySQL 数据库及表的创建

所谓的数据库，可以理解为用来存储信息的"仓库"。而"信息"就是我们要存储的一些数据。采用数据库技术有很多优势：可以使数据存储集约化，最大限度节省存储空间；数据库专门的检索引擎能够极大提高数据检索速度；数据库结构查询语言（Structure Query Language，SQL）给数据管理带来了极大便利；可以方便地对数据进行查询、增加、删除、修改。

目前，数据库软件有很多，数据库可以按照不同的方式进行分类，以下是一些常见的分类方式。

（1）按照数据结构分类

关系数据库：以表格的形式存储数据，表格由行和列组成，每一行表示一条记录，每一列表示一个字段（也称属性）。关系数据库的最大特点是支持 SQL，具有数据一致性、完整性和安全性等优点。常见的关系数据库有 MySQL、Oracle 等。

非关系数据库：不同于关系数据库的另一种数据库，也被称为 NoSQL 数据库。它是以键值对、文档和列族的形式来存储数据的。与关系数据库不同，非关系数据库没有固定的表结构，可以根据需要而灵活变化。常见的非关系数据库有 MongoDB、Redis 等。

（2）按照规模分类

大型数据库：如 Oracle、Sybase、DB2、SQL Server 等。

小型数据库：如 Access、MySQL 等。

（3）按照应用类型分类

分布式数据库：如 Oracle、Sybase 等。

嵌入式数据库：如 SQLite 等。

实时数据库：如 InfluxDB 等。

这些分类方式并不是互相独立的，一个数据库可以同时属于多个分类。例如，Oracle 数据库既是关系数据库，也是大型数据库和分布式数据库。

8.1.1　MySQL 数据库概述

MySQL 是一个关系数据库管理系统（Relational Database Management System，RDBMS），由瑞典的 MySQL AB 公司开发，后被甲骨文公司（Oracle）收购。它是目前最流行的关系数据库管理系统之一，特别是在 Web 应用方面。

关系数据库将数据保存在不同的表中，而不是将所有数据放在一个大仓库内，这样可以提高查询速度和数据处理的灵活性。在 MySQL 中，这些表是由行和列组成的，行代表记录，列代表字段。每个表都有一个或多个主键，用于唯一标识记录。此外，MySQL 还支持外键，用于建立表之间的关系。

MySQL 使用的 SQL 是一种标准化的数据库查询语言，用于访问和操作数据库。这种语言使用户能够执行各种操作，如查询、插入、更新和删除数据。

MySQL 采用了双授权政策，分为社区版和商业版。其由于体积小、速度快、总体拥有成本低，且源代码开放，成为中小型甚至大型网站开发的首选数据库。

MySQL 支持多种操作系统，并且是用 C 语言和 C++编写的，这保证了其源代码的可移植性。此外，MySQL 提供了多种编程语言（如 Java、C 语言、C++、PHP 等）的 API，这使 MySQL 与其他编程语言的集成变得容易。

总的来说，MySQL 是一个功能强大、灵活且易于使用的关系数据库管理系统，适用于各种规模的应用开发。

8.1.2 MySQL 数据库的创建

MySQL 数据库有两种创建方法：一种是命令方式，另一种是图形化界面方式。

1. 命令方式

（1）登录 MySQL 服务器

使用 MySQL 客户端工具登录到 MySQL 服务器。

方法：在安装路径 D:\AppServ\MySQL\bin\下双击 mysql.exe 文件，进入 DOS 窗口；当出现 mysql>提示符时，就可以在该提示符后进行相关操作了。或者在操作系统的程序列表里找到 AppServ 程序组，从中选择 MySQL Command Line Client 并打开，同样会进入 DOS 窗口，待出现 mysql>提示符，便能够开始操作。

在登录界面中输入用户名和密码。

MySQL 运行界面如图 8-1 所示。

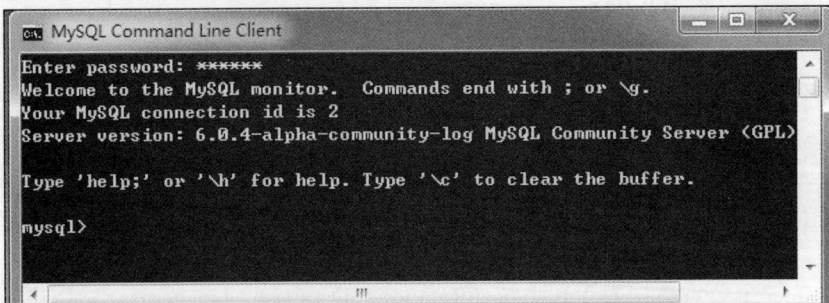

图 8-1　MySQL 运行界面

（2）创建数据库

执行 create database mydata; 命令，创建一个名为 mydata 的数据库。

（3）查看数据库

使用 show databases; 命令查看数据库。

（4）选择数据库

使用 use mydata; 命令选择数据库

【例 8-1】使用命令方式创建、查看和选择 mydata 数据库。

```
mysql>create database mydata;
mysql>show databases;
mysql>use mydata;
```

程序运行结果如图 8-2 所示。

图 8-2　运行结果

2. 图形化界面方式

使用 phpMyAdmin 创建数据库是一个相对直观的过程。以下是使用 phpMyAdmin 创建数据库的步骤。

（1）登录 phpMyAdmin

打开 Web 浏览器，导航到 phpMyAdmin 的 URL，通常是在网站域名后面加上/phpmyadmin，如 http://yourdomain.com/phpmyadmin。

8-1　图形界面方式创建数据库与表

如果网站使用了特定的端口，如 8080，则 URL 可能是 http://yourdomain.com:8080/phpmyadmin。

登录界面会要求用户输入用户名和密码，这是安装 phpMyAdmin 时设置的。登录界面如图 8-3 所示。

图 8-3　登录界面

（2）选择服务器

登录后在 phpMyAdmin 主页，可能会看到 MySQL 服务器列表（如果有多个配置的话）。选择一个服务器来创建数据库。

（3）创建数据库

在 phpMyAdmin 的左侧导航栏中，单击"新建"按钮（通常是一个带有"+"图标的按钮）来创建新的数据库。

在弹出的窗口中输入新数据库的名称。确保其名称是唯一的，并且遵循数据库命名规则（如避免使用特殊字符、保持名称简短等，读者可自行查看 MySQL 使用手册）。

用户可以选择数据库的字符集和排序规则。如果不确定，可以使用默认的字符集（如 utf8mb4）和排序规则（如 utf8mb4_general_ci）。

单击"创建"按钮创建数据库。

（4）确认数据库已创建

在左侧导航栏中，应该能看到新创建的数据库。单击该数据库名称，可以查看该数据库下的所有表和其他对象。

（5）退出 phpMyAdmin

完成数据库的创建后，可退出 phpMyAdmin。这通常可以通过单击界面右上角的关闭按钮实现。

phpMyAdmin 图形化界面如图 8-4 所示。

图 8-4　phpMyAdmin 图形化界面

8.1.3　MySQL 数据库表的创建

在 MySQL 中创建数据库表涉及定义表结构（包括列名、数据类型、约束等），这同样可以通过命令方式和图形化界面方式完成。

1. 命令方式

（1）登录 MySQL 数据库

要登录 MySQL 数据库，可通过命令行使用 MySQL 客户端，也可借助图形化工具（如phpMyAdmin）。

（2）选择数据库

登录成功后，需要选择一个数据库以在其中创建表。如果还没有创建数据库，可以先使用 CREATE DATABASE 语句创建一个。

（3）创建表

使用 CREATE TABLE 语句来创建表。需要指定表名以及每个列的名称、数据类型和约束。基本语法格式如下。

```
CREATE TABLE your_table_name (
column1 datatype1 constraint1,
```

```
column2 datatype2 constraint2,
column3 datatype3 constraint3,
...
columnN datatypeN constraintN );
```

【例 8-2】创建一个名为 students 的表，包含 id、name、age 和 email 字段。

源代码如下。

```
CREATE TABLE students (
   id INT AUTO_INCREMENT PRIMARY KEY,
   name VARCHAR(50) NOT NULL,
   age INT,
   email VARCHAR(100) UNIQUE
);
```

注意

在这个例子中，id 是一个整数型字段，自动递增，并且是所创建的表的主键。
name 是一个最大长度为 50 个字符的字符串，不能为空。
age 是一个整数型字段，可以为空。
email 是一个最大长度为 100 个字符的字符串，必须是唯一的（即每个电子邮箱地址只能在一条记录中出现一次）。

MySQL 支持多种数据类型，常见的数据类型如下。

INT：整数。

VARCHAR(N)：可变长度的字符串，N 是最大字符数。

TEXT：长文本字符串。

DATE：日期。

DATETIME：日期和时间。

FLOAT：浮点数。

DECIMAL：精确的小数。

常见的约束如下。

PRIMARY KEY：主键，唯一标识数据库表中的每条记录。

NOT NULL：确保列不包含 NULL。

UNIQUE：确保列中的所有值都是唯一的。

DEFAULT：为列设置默认值。

FOREIGN KEY：用于实现两个表之间的连接，指向另一个表的主键。

（4）查看表结构

创建表后，可以使用 DESCRIBE 语句来查看表的结构，语法格式如下。

```
DESCRIBE your_table_name;
```

执行上述语句将显示表中的所有列及其数据类型、是否允许为 NULL、键信息等。

（5）结束会话

完成表的创建和其他操作后，可以通过输入 EXIT 或 QUIT 来退出 MySQL 客户端。

2．图形化界面方式

在 phpMyAdmin 的图形化界面中创建表相对直观且简单。以下是通过 phpMyAdmin 创建表的步骤。

（1）登录 phpMyAdmin

首先，打开 Web 浏览器，导航到 phpMyAdmin 的 URL，通常是在网站域名后面加上 /phpmyadmin，如 http://yourdomain.com/phpmyadmin。

然后，使用 MySQL 用户名和密码进行登录。

（2）选择数据库

在 phpMyAdmin 主页，可以看到一个数据库列表。单击想要在其中创建表的数据库名称。

（3）创建表

在选定的数据库界面上，将看到几个选项卡，包括"结构""SQL""搜索""查询""导出""操作"等。此处要创建表，打开"结构"选项卡。

在"结构"选项卡中，将看到一个表单，用于定义新表的结构。

名字：设置新表的名称。

字段数：输入字段数后，单击"新建数据表"按钮来添加字段。对于每个字段，需要输入字段名、选择数据类型、设置字段属性（如长度、是否允许为 NULL 等）。

数据库创建界面、数据库界面、数据库表创建界面分别如图 8-5、图 8-6、图 8-7 所示。

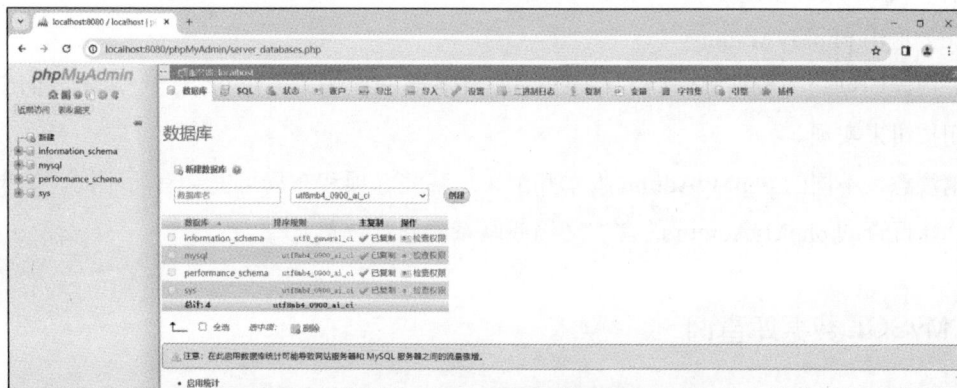

图 8-5　数据库创建界面

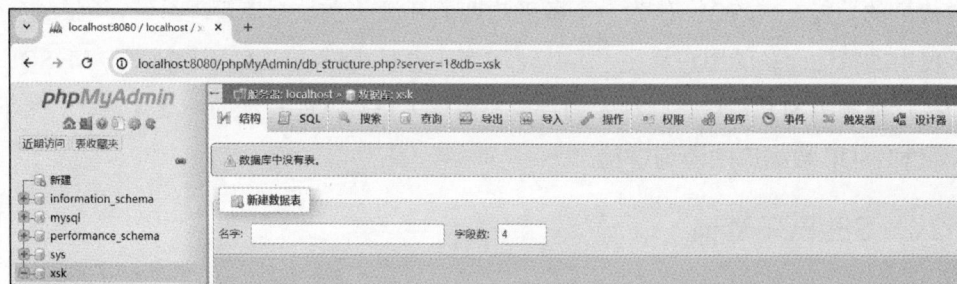

图 8-6　数据库界面

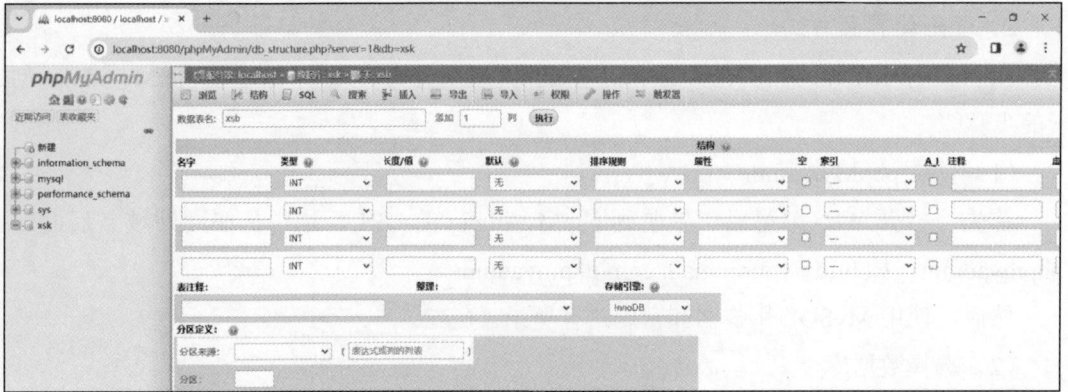

图 8-7　数据库表创建界面

索引：如果需要，可以为字段设置索引，以提高查询性能。

完成字段的定义后，单击"保存"按钮来创建表。

（4）查看创建的表

在创建表之后，会看到一条消息，提示表已成功创建。此外，在数据库界面的"结构"选项卡下，能够看到新创建的表，以及定义的字段和索引等。

（5）插入和编辑数据

表成功创建后，可以使用"插入"选项卡向表中添加数据，或者使用"操作"选项卡浏览、编辑或删除表中的数据。

（6）退出 phpMyAdmin

完成表的创建和数据操作后，可退出 phpMyAdmin。通常，这可以通过单击界面右上角的关闭按钮来实现。

请注意，不同的 phpMyAdmin 版本和配置，某些选项和布局可能会有所不同。如果遇到问题，建议查阅 phpMyAdmin 的官方文档或联系网站管理员。

8.2　MySQL 数据库查询

MySQL 数据库的查询是数据库管理过程中的核心操作，它为用户提供了从数据库中检索所需信息的功能。MySQL 作为一个备受欢迎的开源关系数据库管理系统，因稳定、高效和易于使用的特性而备受用户喜爱，并广泛应用于各种规模的应用程序中。在 MySQL 中，查询的执行依赖于 SQL，这是一种专为管理和操作关系数据库设计的标准化语言。接下来将详细介绍 MySQL 数据库的查询语句。

8.2.1　SELECT 查询

SELECT 语句是 SQL 中最复杂的语句之一。用 SELECT 语句可以实现极为复杂的查询功能，如查询表中的全部记录、满足部分条件的记录、全部字段、满足部分条件的字段等，同时从多个表中查询满足条件的记录，以及对查询结果进行排序等。

SELECT 查询在数据库中的应用非常普遍，包括简单的数据检索与复杂的数据分析等。

1. SELECT 查询的实际应用场景

（1）数据检索

员工信息查询：检索特定员工的详细信息，如姓名、职位、部门等。

产品目录浏览：在电子商务网站上，显示所有可用的产品及其描述、价格等信息。

订单详情：查看特定订单的详细信息，包括订单日期、客户信息、订购的产品等。

（2）数据统计与分析

销售报告：统计特定时间段内的销售额、销售数量，以及按产品、客户或销售人员统计的销售数据。

客户行为分析：分析客户的购买历史，以确定他们的购买偏好、购买频率等。

库存管理：查询当前库存量，分析哪些产品库存不足、哪些产品库存过多。

（3）数据筛选与过滤

特定条件搜索：根据用户输入的搜索条件（如产品名称、价格范围、日期等）筛选数据。

高级搜索功能：支持多个条件的组合搜索，如同时搜索产品的名称、描述和价格。

（4）数据导出与报表生成

导出数据为电子表格格式或其他格式：将查询结果导出为电子表格格式（Excel）或其他格式，以便进行进一步的数据分析和处理。

生成定期报告：如月度销售报告、年度财务报告等，这些报告通常涉及对大量数据的复杂查询和汇总。

（5）应用程序集成

第三方应用数据获取：通过 API 或其他方式从数据库中检索数据，以供其他应用程序或系统使用。

数据同步与备份：定期从生产数据库查询数据，并将其同步到备份数据库或其他系统中。

（6）安全性与权限控制

用户权限检查：查询特定用户是否具有执行特定操作（如查看、编辑或删除数据）的权限。

审计日志查询：检索和分析系统的审计日志，以监控用户活动、检测潜在的安全问题。

这些只是 SELECT 查询的一些应用场景示例。实际上，由于数据库是许多应用程序和系统的核心组成部分，因此 SELECT 查询几乎在所有涉及数据检索和分析的场景中都有应用。

2. SELECT 基本语法格式

```
SELECT [all / distinct ] [表名.]字段 1[AS 别名 1] , [[表名.] 字段 2 [AS 别名 2]…]
FROM   表名 1  [AS  别名 1]  ,表名 2  [AS  别名 2]…
```

```
[WHERE<条件>]
[GROUP BY<分组依据>…
[HAVING<分组条件>] ]
[ORDER BY<排序依据>][asc /desc]
[limit {[偏移量 ,]行数}]
```

> **说明** 在上述语法格式中，[ ]代表可选项，<>代表必选项，写命令时不写[ ]和<>。

（1）选择所有列

如果要从表中选择所有列，可以使用星号（*）代替列名。

```
SELECT * FROM 表名;
```

（2）选择特定的列

如果要选择特定的列，可以在 SELECT 语句后面列出这些列的名称。

```
SELECT 列 1, 列 2, 列 3 FROM 表名;
```

（3）添加条件

用 WHERE 子句来添加条件，以便仅选择满足条件的行。

```
SELECT * FROM 表名 WHERE 条件;
```

（4）排序结果

用 ORDER BY 子句来根据一个或多个列对结果进行排序。默认是升序（ASC）排列，也可以降序（DESC）排列。

```
SELECT * FROM 表名 ORDER BY 列名 ASC; //升序
SELECT * FROM 表名 ORDER BY 列名 DESC; //降序
```

（5）限制返回的行数

用 LIMIT 子句来限制返回的行数。

```
SELECT * FROM 表名 LIMIT 数量;
```

（6）聚合函数

可以使用聚合函数（如 SUM()、COUNT()、AVG()、MAX()、MIN()等）来对数据进行汇总。

```
SELECT COUNT(列名) FROM 表名; //计算列中的行数
SELECT AVG(列名) FROM 表名 WHERE 条件; //计算满足条件的列的平均值
```

（7）分组数据

使用 GROUP BY 子句来根据一个或多个列对结果进行分组，通常与聚合函数一起使用。

```
SELECT 列 1, COUNT(列 2)
FROM 表名
GROUP BY 列 1; //根据列 1 的值分组，并计算每组中列 2 的数量
```

（8）过滤分组

使用 HAVING 子句来过滤 GROUP BY 子句返回的结果。HAVING 子句通常与 GROUP BY

子句和聚合函数一起使用。

```
SELECT 列 1, COUNT(列 2)
FROM 表名
GROUP BY 列 1
HAVING COUNT(列 2) > 数量;  //只选择列 2 的数量大于指定数量的那些组
```

【例 8-3】SELECT 查询示例。

有一个名为 salary_database 的 MySQL 数据库，它有一个表 employees，用于存储员工的工资信息。该表包含如下列：employee_id（员工 ID）、first_name（员工名字）、last_name（员工姓氏）、salary（工资）和 department（部门）。

（1）选择所有列

```
SELECT * FROM employees;              //返回所有列
```

（2）选择特定列

```
SELECT employee_id, first_name, last_name, salary FROM employees;
//返回 employee_id、first_name、last_name 和 salary 列
```

（3）带条件的查询

```
SELECT * FROM employees WHERE salary > 50000;
//返回工资高于 50000 的所有员工
```

（4）排序查询结果

```
SELECT * FROM employees ORDER BY salary DESC;
//返回所有员工，并按照工资从高到低的顺序排列
```

（5）限制查询结果的数量

```
SELECT * FROM employees LIMIT 10;       //返回前 10 个员工
```

（6）使用聚合函数

```
SELECT AVG(salary) AS average_salary FROM employees;
//计算所有员工的平均工资
```

（7）分组查询

```
SELECT department, COUNT(*) AS number_of_employees FROM employees GROUP BY
department;
//按照部门对员工进行分组，并计算每个部门的员工数量
```

（8）过滤分组结果

```
SELECT department, AVG(salary) AS average_salary FROM employees GROUP BY department
HAVING average_salary > 60000;
//按照部门对员工进行分组，并计算每个部门的平均工资，然后只返回平均工资高于 60000 的部门
```

（9）使用别名

```
SELECT first_name AS FirstName, last_name AS LastName, salary AS AnnualSalary FROM
employees;
//为 first_name、last_name 和 salary 列设置别名，使查询结果更加清晰
```

（10）结合 WHERE 和 ORDER BY

```
SELECT * FROM employees WHERE department = 'Finance' ORDER BY salary DESC;
//返回 department 为 Finance 的所有员工，并按照工资从高到低的顺序排列
```

这些查询可以根据实际的需求进行组合和调整，以满足特定的数据检索和分析要求。

8.2.2　其他查询

在常规的网页操作流程中，对后台数据进行处理是一项至关重要的任务。这包括但不限于数据的添加、删除、修改和查询等操作。接下来将对这些核心操作进行详细的介绍。

（1）插入查询

基本语法格式如下。

```
insert into 表名称(字段列表)
values  (值列表);
```

【例 8-4】插入查询示例。

在课程表中插入一条记录。

```
insert   into   kcb
values ('001','英语',4,64)
```

程序运行结果如图 8-8（a）所示。单击"浏览"按钮，可以看到课程表中已经插入"001"号课程信息，如图 8-8（b）所示。

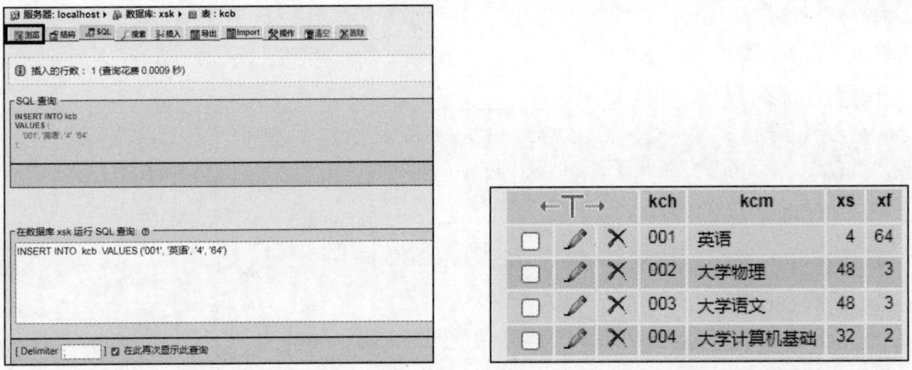

（a）　　　　　　　　　　　　　（b）

图 8-8　运行结果

（2）更新查询

基本语法格式如下。

```
update   表名称
set 字段名=字段值
where  条件;
```

更新指定条件的内容。

说明

【例 8-5】更新查询示例。

将课程表中的课程号为 001 的学分改为 48。

```
update kcb
set   xf=48
where kch='001'
```

程序运行结果如图 8-9 所示。单击"浏览"按钮，可以看到课程表中"001"号课程的"xf"（学分）已被改为"48"，如图 8-9（b）所示。

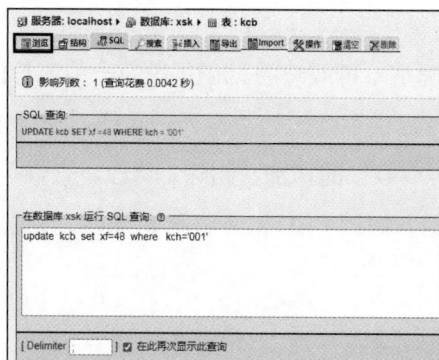

（a）

（b）

图 8-9　运行结果

（3）删除查询

基本语法格式如下。

```
delete   from 表名称
where  条件;
```

删除指定条件的表记录。

【例 8-6】删除查询示例。

删除课程表中课程号为"001"的记录。

```
delete  from  kcb
where kch='001'
```

程序运行结果如图 8-10（a）所示。单击"浏览"按钮，可以看到课程表中"001"号课程信息已被删除，如图 8-10（b）所示。

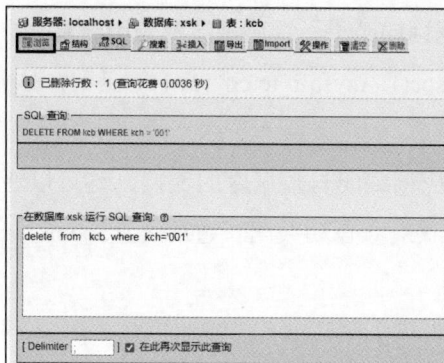

（a）

（b）

图 8-10　运行结果

8.3 PHP 访问 MySQL 数据库

在 Web 应用开发中，数据的存储、检索和处理是不可或缺的。PHP 作为一种流行的服务器端脚本语言，与 MySQL 数据库的结合为开发者提供了强大的数据处理功能。通过 PHP，开发者可以轻松地与 MySQL 数据库进行交互，实现数据的增加、删除、修改、查询等操作，从而为用户提供丰富的动态内容和服务。本节将深入探讨 PHP 如何访问 MySQL 数据库，并介绍相关的技术和方法。

8.3.1 PHP 访问 MySQL 数据库的工作流程

从根本上来说，PHP 通过预先写好的一系列函数来与 MySQL 数据库进行通信，向数据库发送指令、接收返回数据等都通过函数来完成。

具体工作流程分为 6 步。

（1）建立数据库连接。需要先使用 PHP 的 MySQL 扩展 [如 mysqli 或 PDO（PHP Data Objects，PHP 数据对象）] 来建立与 MySQL 数据库服务器的连接。这通常涉及指定数据库服务器的主机名、用户名、密码和要连接的数据库名称。

（2）检查连接。一旦尝试建立了连接，就应该检查连接是否成功。如果连接失败，通常会抛出一个错误，需要处理这个错误。

（3）选择数据库。如果连接成功，需要选择要操作的数据库。这一步通常通过 mysqli_select_db()函数（对于 mysqli）或 setAttribute(PDO::ATTR_DBNAME, $dbname)方法（对于 PDO）来完成。

（4）执行操作。一旦选择了数据库，就可以开始执行操作了，包括查询、插入、更新和删除等。需要构造 SQL 语句，并通过数据库连接对象执行它。

（5）处理结果。对于查询操作，需要处理返回的结果。这通常涉及遍历结果并提取所需的数据。对于 mysqli，可以使用 mysqli_fetch_assoc()、mysqli_fetch_row()等函数；对于 PDO，可以使用 fetch(PDO::FETCH_ASSOC) 等方法。

（6）关闭连接。完成所有数据库操作后，应该关闭与数据库的连接。这可以通过调用 mysqli_close()函数（对于 mysqli）或让 PDO 连接对象自动关闭（通过设置$conn = null）来完成。

PHP 访问 MySQL 数据库的工作流程如图 8-11 所示。

开发 PHP 数据库程序时，只需要按照流程调用相关函数，数据库操作便可轻松实现。接下来通过【例 8-7】详细介绍 PHP 访问 MySQL 数据库的具体操作。

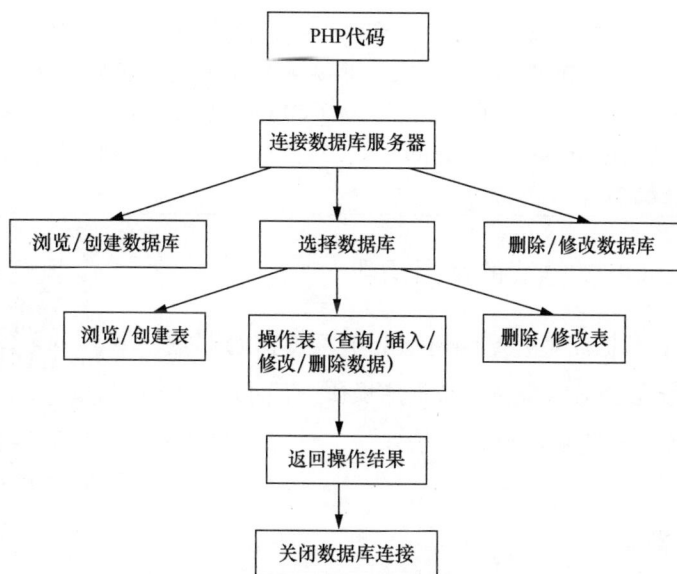

图 8-11　PHP 访问 MySQL 数据库的工作流程

【例 8-7】PHP 访问 MySQL 数据库简单示例（使用 mysqli 扩展）。

```php
<?php
//1. 建立数据库连接
$servername = "localhost";
$username = "username";
$password = "password";
$dbname = "mydb";
$conn = new mysqli($servername, $username, $password, $dbname);
 //2. 检查连接
if ($conn->connect_error) {
    die("连接失败: " . $conn->connect_error);
}
//3. 选择数据库（如果不是默认数据库）
//$conn->select_db($dbname);
//4. 执行查询
$sql = "SELECT id, first_name, last_name FROM employees";
$result = $conn->query($sql);
//5. 处理结果
if ($result->num_rows > 0) {
    //输出数据
    while($row = $result->fetch_assoc()) {
        echo "ID: " . $row["id"]. " - Name: " . $row["first_name"]. " " .
$row["last_name"]. "<br>";
    }
} else {
    echo "0 结果";
}
//6. 关闭连接
$conn->close();
?>
```

上述示例代码没有包含错误处理和预防 SQL 注入的语句。在实际应用中，应该使用预处理语句来防止 SQL 注入，并妥善处理可能出现的错误和异常。此外，对于大型应用程序，考虑使用 ORM（Object Relational Mapping，对象关系映射）库，如 Doctrine 或 Eloquent，它们提供了更高级的数据访问抽象和更好的错误处理机制。

8.3.2 PHP 访问 MySQL 数据库的常用函数

在 PHP 中，访问 MySQL 数据库主要使用 mysqli 扩展或 PDO 扩展。这两个扩展都提供了不同的函数和方法来执行数据库操作。下面介绍如何使用 mysqli 扩展和 PDO 扩展的一些基本函数和方法。

8-3 PHP 访问 MySQL 数据库的常用函数

（1）使用 mysqli 扩展

【例 8-8】连接数据库示例。

```php
<?php
$mysqli=new mysqli($host, $username, $password, $database);
//检查连接是否成功
if ($mysqli->connect_error) {
    echo "连接失败: " . $mysqli->connect_error;
    exit();
}
?>
```

【例 8-9】执行查询示例。

```php
<?php
//执行查询
$query = "SELECT * FROM table_name";
$result = $mysqli->query($query);    //检查查询是否成功
if (!$result) {
    echo "查询失败: " . $mysqli->error;
} else {
    //处理查询结果
    while ($row = $result->fetch_assoc()) {
        //处理每一行数据
    }
    //释放结果集
    $result->free();
}
?>
```

【例 8-10】插入数据示例。

```php
<?php
$query = "INSERT INTO table_name (column1, column2) VALUES ('value1', 'value2')";
if ($mysqli->query($query)) {
    echo "数据插入成功";
} else {
    echo "数据插入失败: " . $mysqli->error;
}
?>
```

【例 8-11】更新数据示例。

```php
<?php
$query = "UPDATE table_name SET column1='new_value' WHERE condition";
if ($mysqli->query($query)) {
    echo "数据更新成功";
} else {
    echo "数据更新失败: " . $mysqli->error;
}
?>
```

【例 8-12】删除数据示例。

```php
<?php
$query = "DELETE FROM table_name WHERE condition";
if ($mysqli->query($query)) {
    echo "数据删除成功";
} else {
    echo "数据删除失败: " . $mysqli->error;
}
?>
```

【例 8-13】关闭与数据库的连接示例。

```php
$mysqli->close();
```

（2）使用 PDO 扩展

【例 8-14】连接数据库示例。

```php
<?php
try {
    $pdo = new PDO("mysql:host=$host;dbname=$database", $username, $password);
    $pdo->setAttribute(PDO::ATTR_ERRMODE, PDO::ERRMODE_EXCEPTION);
} catch (PDOException $e) {
    echo "连接失败: " . $e->getMessage();
}
?>
```

【例 8-15】准备和执行查询示例。

```php
<?php
$stmt = $pdo->prepare("SELECT * FROM table_name WHERE column1 = :value");
$stmt->bindParam(':value', $value);
$stmt->execute();
$result = $stmt->fetchAll(PDO::FETCH_ASSOC);
foreach ($result as $row) {
    //处理每一行数据
}
?>
```

【例 8-16】插入数据示例。

```php
<?php
$stmt = $pdo->prepare("INSERT INTO table_name (column1, column2) VALUES
(:value1, :value2)");
$stmt->bindParam(':value1', $value1);
$stmt->bindParam(':value2', $value2);
 if ($stmt->execute()) {
    echo "数据插入成功";
```

```
} else {
    echo "数据插入失败";
}
?>
```

【例 8-17】更新数据示例。

```
<?php
$stmt = $pdo->prepare("UPDATE table_name SET column1 = :new_value WHERE condition");
$stmt->bindParam(':new_value', $newValue);
  if ($stmt->execute()) {
    echo "数据更新成功";
} else {
    echo "数据更新失败";
}
?>
```

【例 8-18】删除数据示例。

```
<?php
$stmt = $pdo->prepare("DELETE FROM table_name WHERE condition");
if ($stmt->execute()) {
    echo "数据删除成功";
} else {
    echo "数据删除失败";
}
?>
```

在使用 PDO 时，通常会采用预处理语句以阻止 SQL 注入攻击，并通过绑定参数安全地传递数据。此外，PDO 还为高级错误处理和异常处理机制提供了便利。请注意，在完成数据库操作后应及时关闭数据库连接或允许 PDO 连接自动关闭。对于 mysqli，可通过调用函数 mysqli_close()关闭连接；而对于 PDO，让连接对象自动关闭（通过设置$conn = null）。

8.4 构建互动网页——页面跳转

在 Web 开发领域，网页之间的导航跳转是一项常见的任务。为了实现这一目标，开发者可从中选择多种跳转方法，这些方法均基于具体的需求和场景。接下来将介绍几种页面跳转方法，大家可以根据需要灵活使用。

8-4 构建互动网页——页面跳转

（1）header()函数

header()函数的一个作用是实现页面跳转，只要在 header()函数的参数中使用"Location: ×××"即可实现该功能。

【例 8-19】header()函数示例。

```
<?php
$var1="wen";
$var2="wen";
if($var1==$var2)
{
    header("Location: http://www.baidu.com");
```

```
    }
else
    echo "页面不能跳转";
?>
```

程序运行结果如图 8-12 所示。

图 8-12（彩色）

图 8-12　运行结果

> header()函数必须在任何输出（包括空格、换行符等）发送到浏览器之前调用，否则会导致"headers already sent"错误。

（2）设置超链接

使用 HTML 的超链接标记<a>也能够实现页面的跳转。

【例 8-20】<a>标记示例。

```
<?php
    echo "<a href='index.php?id=1&name=zhou'>单击超链接</>";
?>
```

程序运行结果如图 8-13 所示。

图 8-13（彩色）

图 8-13　运行结果

这段 PHP 代码被执行时，会在网页上输出一个文本为"单击超链接"的超链接，单击这个超链接会跳转到 index.php 页面，并带上 id 和 name 两个参数。

（3）action 属性

最常用的跳转页面的方法是提交表单，将<form>标记的 action 属性设置为要跳转到的页面，提交表单后就会跳转到该页面。

【例 8-21】action 属性示例

```
<html>
<head>
<meta http-equiv="Content-Type" content="text/html; charset=utf-8" />
    <title>ac 示例</title>
</head>
<form method="post" action="index.php">
<input type="text" name="text">
<input type="submit" name="bt" value="提交">
</form>
</html>
```

程序运行结果如图8-14（a）所示。单击"提交"按钮将出现index页面，如图8-14（b）所示。

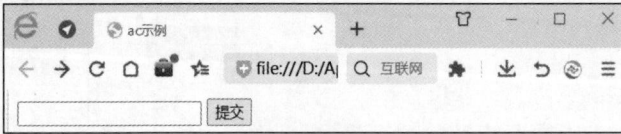

（a）

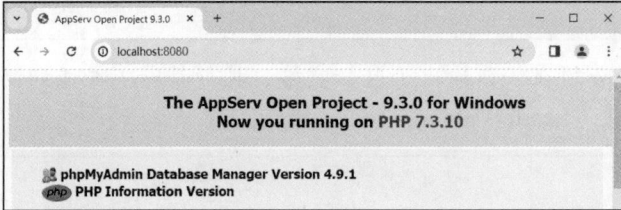

（b）

图 8-14（彩色）

图 8-14　运行结果

在【例 8-21】中，用户在文本框中输入一些文本并单击"提交"按钮时，浏览器会收集这些文本，并将其作为表单数据通过 POST 方法发送到服务器的 index.php 文件。在 index.php 文件中，可以使用 PHP 代码来接收和处理这些数据。

（4）onclick 方法

可使用按钮控件的 onclick 方法实现页面的跳转。

【例 8-22】onclick 方法示例

```
<?php
    echo '<input type="button" name="bt" value="页面跳转" onclick="location=
\'index.php\'">';
    ?>
```

程序运行结果如图 8-15 所示。

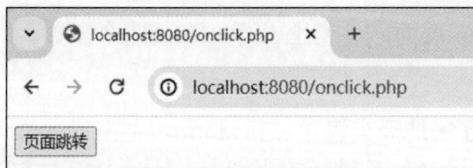

图 8-15　运行结果

（5）<meta>标记

可使用<meta>标记实现页面的跳转。

【例 8-23】<meta>标记示例。

```
<meta http-equiv="refresh"
content="6;url=index.php"> //content 属性中数字 6 表示 6s 之后跳转，设置为 0 则表示立即跳转
```

程序运行结果如图 8-16 所示。

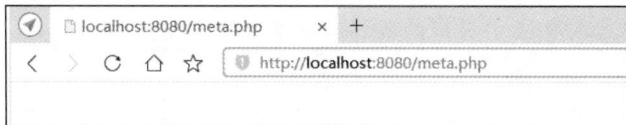

图 8-16　运行结果

说明　【例 8-23】中的<meta>标记用于设置页面自动刷新并跳转到另一个 URL。

注意　虽然<meta>标记的 refresh 功能在某些情况下可能很有用，但过度使用或滥用它可能会对用户体验造成负面影响。现代网站设计通常倾向于使用更优雅和更友好的导航和页面切换方法，而不是简单地依赖自动刷新。

（6）客户端脚本

可使用客户端脚本实现页面的跳转。

【例 8-24】客户端脚本示例。

在 PHP 中使用 JavaScript 跳转到 index.php 页面。

```php
<?php
    echo "<script>if(confirm('确认跳转页面?')) ";
    echo "window.location='index.php'</script>";
    //也可写成 echo "location.href='index.php';
    </script>";
?>
```

说明　在 JavaScript 中，confirm()函数用于显示一个确认对话框，如果用户单击"确定"按钮则返回 TRUE，单击"取消"按钮则返回 FALSE。

程序运行结果如图 8-17 所示。

图 8-17　运行结果

当使用 header()函数进行重定向时，必须确保在输出任何内容到浏览器之前调用它，否则会导致错误。

在使用 JavaScript 重定向时，要注意不要与服务器端的重定向混淆。JavaScript 重定向是在客户端执行的，而 header()函数是在服务器端执行的。

使用<meta>标记进行页面跳转是一种较老的技术，并且用户体验可能不佳，因为它会导致页面刷新。

在实际应用中，通常推荐使用 HTTP 重定向或 JavaScript 重定向，具体选择哪种方式取决于用户的具体需求和应用场景。

本章小结

本章重点介绍了 PHP 访问 MySQL 数据库的工作流程、MySQL 查询的基础知识，以及网站页面跳转的概念和实践。

（1）PHP 访问 MySQL 数据库的工作流程，包括建立数据库连接、检查连接、选择数据库、执行操作、处理结果以及关闭连接等。这个过程是 PHP 与 MySQL 交互的核心，使用户能够在 Web 应用中实现数据的存储和检索。

（2）MySQL 查询的基本语法和常用操作，如查询、插入、更新和删除等。通过实际案例，介绍了如何编写和执行各种查询语句，以满足不同的需求。

（3）网站页面跳转。页面跳转是 Web 应用中常见的功能之一，它允许用户在不同的页面之间进行导航。本章介绍了如何使用 PHP 实现页面跳转，包括使用 header()函数进行重定向以及通过提交表单实现页面跳转等。

通过本章的学习，读者不仅可以掌握 PHP 访问 MySQL 数据库的工作流程，还可以学会如何编写和执行 MySQL 查询语句，并了解页面跳转的实现方式。这些知识将为读者在 Web 开发中构建功能丰富的应用提供有力支持。

本章习题

一、选择题

1. 在 PHP 中，要连接到 MySQL 数据库，通常使用哪个函数？（　　）

    A．mysqli_connect()　　　　　　　　　　B．mysql_connect()

    C．pdo_connect()　　　　　　　　　　　　D．db_connect()

2. 以下哪个关键字用于在 MySQL 查询中指定要选择的列？（　　）

    A．SELECT　　　　B．FROM　　　　C．WHERE　　　　D．INSERT INTO

3. 下列哪条语句用于在 MySQL 中查询所有数据？（　　）

    A．SELECT * FROM table_name　　　　　B．GET * FROM table_name

C．FETCH * FROM table_name　　　　D．RETRIEVE * FROM table_name

4．PHP 中，以下哪个函数用于关闭 MySQL 数据库连接？（　　）

A．mysqli_close()　　　　　　　　B．mysql_close()

C．close_connection()　　　　　　　D．db_disconnect()

5．关于 MySQL 的 DELETE 关键字，以下哪项描述是正确的？（　　）

A．它用于向表中插入新记录　　　　B．它用于更新表中的现有记录

C．它用于从表中删除记录　　　　　D．它用于选择表中的记录

二、判断题

1．在 PHP 中，执行 MySQL 查询后，必须手动关闭数据库连接。（　　）

2．用图形化界面创建数据库表时，可以不设置字段长度。（　　）

3．PHP 访问 MySQL 数据库的第一步是建立数据库连接。（　　）

三、简答题

1．如何在 MySQL 中创建一个名为 students 的数据库，并在其中创建一个名为 student_info 的表[该表包含 id（主键、自增）、name、age 和 email 字段]？

2．写出使用 PHP 连接到 MySQL 数据库的代码片段，假设数据库主机名为 localhost，用户名为 root，密码为 password，数据库名为 students。

3．如何使用 PHP 向 student_info 表中插入一条新的学生记录（包含姓名、年龄和电子邮箱字段）？

4．如何使用 PHP 更新 student_info 表中某个指定学生的年龄？假设要更新的学生 ID 为 5，新年龄为 22。

5．编写一个 PHP 脚本，删除 student_info 表中 ID 为 10 的学生记录。

本章实训

一、实训目的

通过实训，掌握 PHP 与 MySQL 数据库的交互过程，能够编写基本的 MySQL 查询语句，并能在 Web 应用中实现页面跳转功能。通过实际操作，提高实践能力和解决问题的能力。

二、实训要求

1．掌握 PHP 访问 MySQL 数据库的基本流程，包括建立连接、执行操作、处理结果和关闭连接等。

2．熟练编写和执行 MySQL 查询语句。

3．理解网站页面跳转的概念，并能使用 PHP 实现页面之间的跳转。

4．在以下题目中自选一个或者自选主题完成实训任务。

（1）构建一个简单的博客系统。

① 设计数据库结构，包括文章、用户、评论等表。

② 实现用户注册和登录功能。

③ 允许用户创建、编辑和删除文章。

④ 允许用户发表和查看评论。

（2）构建一个简单的电子商务网站。

① 设计数据库结构，包括产品、订单、用户等表。

② 实现产品展示和搜索功能。

③ 允许用户将产品添加到购物车并生成订单。

④ 实现管理用户账户和查询历史订单记录功能。

（3）构建一个用户管理系统。

① 设计数据库结构，包括用户、角色、权限等表。

② 实现用户注册和登录功能。

③ 允许管理员创建、编辑和删除用户，并分配用户角色和权限。

④ 实现用户角色和权限管理功能。

三、实训步骤

1．理论学习

（1）学习 PHP 访问 MySQL 数据库的基本流程，了解各个步骤的作用和必要性。

（2）学习 MySQL 查询语句的语法和常用操作，理解 SELECT、INSERT、UPDATE 和 DELETE 语句的工作原理。

（3）学习网站页面跳转的概念，了解实现页面跳转的方法和技术。

2．实践操作

（1）使用 PHP 编写一个简单的 Web 应用，包括数据库连接、操作执行、结果展示和页面跳转等功能。

（2）设计一个数据库表结构，并使用 INSERT 语句向表中插入数据。

（3）编写 SELECT 查询语句，从数据库中检索数据，并在网页上显示结果。

（4）实现一个表单，通过 POST 方法提交数据到服务器，并在服务器端使用 PHP 处理数据后进行页面跳转。

3．综合应用

（1）设计一个包含多个页面的 Web 应用，涉及数据库查询和页面跳转功能。

（2）根据实际需求，编写复杂的 MySQL 查询语句，实现数据的筛选、排序和分组等操作。

（3）在应用中使用条件语句和循环语句，根据查询结果动态生成网页内容。

四、实训注意事项

1．安全性考虑

（1）在处理用户输入时，要注意防止 SQL 注入等安全漏洞，对用户输入进行验证和过滤。

（2）使用参数化查询或预处理语句来执行数据库操作，以提高安全性。

2．错误处理

在连接数据库、执行操作等过程中，要添加适当的错误处理代码，以捕获并处理可能出现的错误和异常。

3．代码规范性

（1）编写代码时，要注意代码的规范性和可读性，养成良好的编程习惯。

（2）使用注释说明代码的功能和逻辑，方便他人理解和维护。

4．数据库设计

（1）在设计数据库表结构时，要合理规划字段和数据类型，避免数据冗余和浪费。

（2）考虑数据的完整性和一致性，设置适当的约束和索引。

5．页面跳转逻辑

（1）在实现页面跳转时，要确保跳转逻辑的正确性，避免出现死循环或无法跳转的情况。

（2）注意页面跳转时数据的传递和处理，确保数据的完整性和一致性。

第9章 基于 PHP+MySQL 的留言系统的设计与实现

留言本作为一种典型的 Web 应用，尽管其程序简单，却涵盖表单提交、数据接收、数据库写入、数据库读取以及分页等数据库编程的多个方面。本章要实现的留言系统具备留言填写、留言浏览、管理员回复以及留言删除等功能。

【本章知识结构】

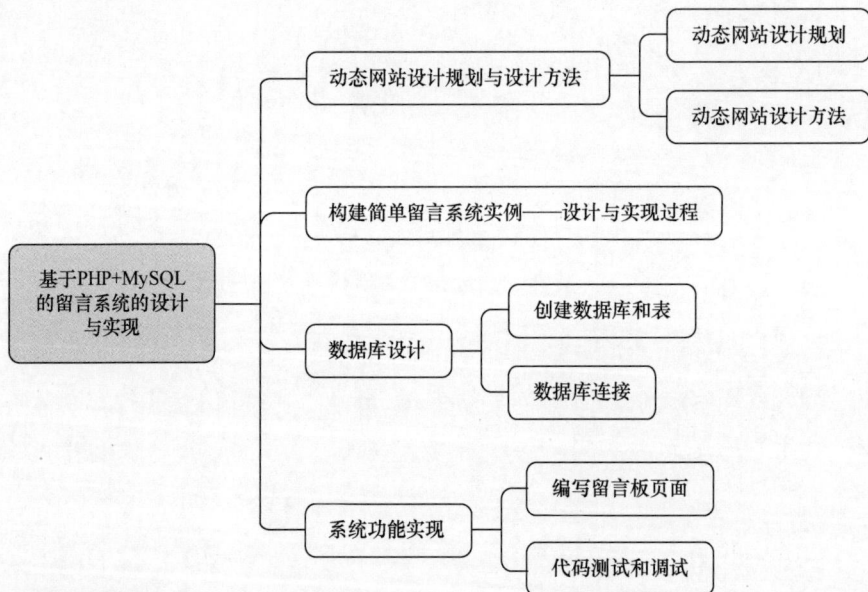

```
                                            ┌─── 动态网站设计规划
                      ┌─── 动态网站设计规划与设计方法 ───┤
                      │                      └─── 动态网站设计方法
                      │
                      ├─── 构建简单留言系统实例——设计与实现过程
基于PHP+MySQL           │
的留言系统的设计 ────────┤                      ┌─── 创建数据库和表
与实现                 ├─── 数据库设计 ───────┤
                      │                      └─── 数据库连接
                      │
                      │                      ┌─── 编写留言板页面
                      └─── 系统功能实现 ───────┤
                                            └─── 代码测试和调试
```

【本章学习目标】

1. 掌握动态网站的设计规划。

2. 掌握动态网站的设计方法。

3. 熟悉网站的实现与测试。

162

9.1　动态网站设计规划与设计方法

在数字化时代，互联网已成为人们获取信息、沟通交流和进行商业活动的重要平台。动态网站具有灵活性和实时性，能够满足用户多样化的需求，并能为企业创造巨大的商业价值。因此，掌握规划与设计动态网站的知识和技能，显得尤为重要。

9.1.1　动态网站设计规划

动态网站设计规划是网站开发的第一步，它决定了网站的整体结构、功能和用户体验。一个好的规划不仅可以提高开发效率，还能确保网站最终能够满足用户需求。

网站规划一般需要以下 4 个步骤。

（1）确定网站目标与定位

在规划阶段，首先要明确网站的目标和定位。这包括确定网站的主要功能、目标用户群体、竞争对手等。

（2）网站内容与结构规划

规划网站的内容和结构是确保网站信息清晰、易于导航的关键。这包括确定网站的主题、页面布局、导航菜单设计等。

（3）技术选型与平台选择

根据网站的需求和目标，选择合适的技术和平台。这可能包括数据库技术、后端框架、前端技术等。

（4）网站安全性与性能

在规划阶段，还需要考虑网站的安全性和性能。这包括数据加密、用户认证、负载均衡、缓存策略等。

9.1.2　动态网站设计方法

在互联网时代，动态网站以其独特的交互性和功能性，不仅极大提升了用户体验，也为企业提供了新的商业机遇。对当下的网站开发者而言，熟练掌握动态网站设计的核心方法至关重要。

一般而言，动态网站设计涉及以下 5 个核心步骤。

（1）需求分析

通过需求分析，明确网站的具体功能和用户需求。这包括收集用户需求、分析用户行为、制订功能列表等。

（2）原型设计

原型设计是将需求分析转化为可视化界面的过程。通过原型，可以直观地展示网站的结构、功能和交互效果。

（3）数据库设计

数据库设计是动态网站设计的核心。它涉及数据库结构的设计、数据关系的建立以及数据的安全性和完整性保障。

（4）后端开发

后端开发主要实现网站的逻辑处理和数据处理功能。这包括用户认证、数据存储、API开发等。

（5）前端开发

前端开发主要负责网站的页面展示和用户交互。这包括页面布局、样式设计、动画效果等。

接下来，将通过构建一个简单留言系统的实例来详细阐述动态网站设计与实现的过程。

9.2 构建简单留言系统实例——设计与实现过程

9-1 留言系统
设计与实现

（1）需求分析

留言系统的基本功能需求如下。

用户可以浏览已有的留言。

用户可以注册并登录，以便发表留言。

用户可以在留言系统中发表新的留言。

管理员可以管理留言，包括删除不当留言。

（2）原型设计

基于需求分析，可以设计以下页面原型。

登录页面：包含用户名输入框、密码输入框、登录按钮。

注册页面：包含用户名输入框、密码输入框、确认密码输入框、注册按钮。

留言列表页面：显示所有留言，包括留言内容、作者和时间。

发表留言页面：用户可以输入留言内容，并提供提交按钮。

管理员管理页面：显示所有留言，并提供删除按钮。

（3）数据库设计

需要设计一个数据库表来存储留言信息，具体如下。

留言表：包含字段 id（留言 ID，自增主键）、username（用户名）、content（留言内容）、timestamp（留言时间戳）。

（4）后端开发

用户认证：实现用户注册和登录功能，使用数据库存储用户信息，并为用户分配唯一的 session 或 token。

（5）留言处理

获取留言列表：从数据库中查询所有留言，并返回给前端。

发表新留言：接收前端传来的留言数据，将其插入数据库。

删除留言：根据管理员的请求，从数据库中删除指定的留言。

（6）前端开发

登录与注册页面：使用 HTML 和 CSS 设计页面，使用 JavaScript 或 Ajax 技术实现与后端的交互。

留言列表页面：从后端获取留言数据，并展示在页面上。

发表留言页面：用户可以输入留言内容，并提交给后端处理。

管理员管理页面：显示所有留言，并提供删除按钮，实现与管理功能的交互。

（7）测试与优化

在开发完成后，需要对留言系统进行全面的测试，确保所有功能都能正常工作，包括功能测试、性能测试、安全测试等。根据测试结果，对系统进行必要的优化和调整。

（8）部署与维护

将开发完成的留言系统部署到服务器上，确保用户可以通过互联网访问。同时，定期对系统进行维护，确保系统的稳定性和安全性。

通过这样一个简单的留言系统实例，我们可以更加深入地理解动态网站设计的全过程，包括需求分析、原型设计、数据库设计、后端开发、留言处理、前端开发、测试与优化以及部署与维护等各个环节。

9.3　数据库设计

一个完整的留言系统需要后台存放留言信息以及用户信息。

需要设计一个数据库来存储留言信息。通常，一个简单的留言系统一般包括以下两张数据表，admin 表（如表 9-1 所示）和 message 表（如表 9-2 所示）。

表 9-1　　　　　　　　　　　　　admin 表（管理员表）

字段名	数据类型	长度/值范围	是否允许为空	键类型	备注
username	VARCHAR	20	否	唯一键（UNIQUE）	管理员用户名
userpass	VARCHAR	20	否		管理员密码

表 9-2　　　　　　　　　　　　　message 表（留言信息表）

字段名	数据类型	长度/值范围	是否允许为空	键类型	备注
id	INT	4	否	主键（PRIMARY KEY），自增（AUTO_INCREMENT）	留言 ID
author	VARCHAR	20	否		用户 ID（外键，表示留言作者）
addtime	DATETIME		否		留言发布日期和时间
content	VARCHAR	1000	否		留言内容
reply	VARCHAR	1000	否		管理员对留言的回复内容

9.3.1 创建数据库和表

【例 9-1】创建数据库和表。

使用 MySQL 创建数据库和表，设置相应的字段和数据类型。

```php
<?php
  //创建数据库连接
$mysqli = new mysqli("localhost", "username", "password");

//检查连接是否成功
if ($mysqli->connect_errno) {
    echo "连接失败: " . $mysqli->connect_error;
    exit();
}
//创建数据库
if (!$mysqli->query("CREATE DATABASE IF NOT EXISTS gbook")) {
    echo "创建数据库失败: " . $mysqli->error;
}
//选择数据库
$mysqli->select_db("gbook");
 //创建 admin 表
if (!$mysqli->query("CREATE TABLE IF NOT EXISTS admin (
    `username` VARCHAR( 20 ) NOT NULL,
    `userpass` VARCHAR( 20 ) NOT NULL,
    UNIQUE (username)
)")) {
    echo "创建 admin 表失败: " . $mysqli->error;
}
 //创建 message 表
if (!$mysqli->query("CREATE TABLE IF NOT EXISTS message (
    `id` INT( 4 ) NOT NULL AUTO_INCREMENT PRIMARY KEY,
    `author` VARCHAR( 20 ) NOT NULL,
    `addtime` DATETIME NOT NULL,
    `content` VARCHAR( 1000 ) NOT NULL,
    `reply` VARCHAR( 1000 ) NOT NULL
)")) {
    echo "创建 message 表失败: " . $mysqli->error;
}
//关闭数据库连接
$mysqli->close();
?>
```

程序运行结果如图 9-1、图 9-2 所示。

图 9-1 运行结果——admin 表结构

图 9-1（彩色）

图 9-2 （彩色）

图 9-2　运行结果——message 表结构

在【例 9-1】中创建了两个表。一个是 admin 表，它有两个字段：username 和 userpass。每个字段都是 varchar 类型，最大长度为 20，并且都不允许为 NULL。此外，username 字段被设置为唯一（UNIQUE），意味着每个用户名必须是唯一的，不能重复。

另一个是 message 表，它有 5 个字段：id、author、addtime、content 和 reply。其中，id 字段是整数类型，不允许为 NULL，并且设置为自动递增（AUTO_INCREMENT）和主键（PRIMARY KEY），这通常用于自动为新记录分配唯一的 ID。

author 字段是 varchar 类型，最大长度为 20，并且不允许为 NULL。

addtime 字段是 datetime 类型，用于存储日期和时间信息，并且不允许为 NULL。

content 和 reply 字段都是 varchar 类型，最大长度为 1000，并且不允许为 NULL。

使用了 mysqli 扩展来连接 MySQL 数据库，并分别执行了创建数据库和表的 SQL 语句。注意，读者需要将 "localhost" "username" "password" 替换为自己的数据库服务器地址、用户名和密码。同时，添加错误检查来处理可能的失败情况。

9.3.2　数据库连接

数据库连接是应用程序和数据库之间建立通信的过程。连接数据库有多种方式，具体取决于使用的编程语言和数据库类型。

【例 9-2】数据库连接。

```php
<?php
$connection=mysql_connect('127.0.0.1','root','12345678') or die('不能连接到 MySQL
数据库：'.mysql_error());
echo '已经成功连接到 MySQL 数据库<br/>';
mysql_select_db('gbook')or die('不能选择数据库');
echo '连接 gbook 数据库已经成功';
$sql="select * from admin";
$result=mysql_query($sql);
echo "<table border=1>";
```

167

```
echo <tr><td>username</td><td>userpass</td></tr>";
while($row=mysql_fetch_row($result))
{
    list($username,$userpass)=$row;
    echo "<tr><td>$username</td><td>$userpass</td></tr>";
}
echo "</table>";
 ?>
```

【例 9-2】使用了 mysql_ 系列的函数，这些函数在 PHP 中已经被弃用，并在 PHP 7.0.0 中被完全移除。建议使用 mysqli 扩展或 PDO 扩展来替代它们。

直接在脚本中暴露数据库的用户名和密码是不安全的。在实际应用中，应将这些敏感信息存储在配置文件或环境变量中，并确保这些文件或变量不会被公开访问。

脚本中没有对输出数据进行任何形式的转义或清理，这可能导致 XSS。在实际应用中，应对输出数据进行适当的处理，以确保其安全性。

9.4　系统功能实现

在软件开发的过程中，功能代码实现是至关重要的一步。这一步不仅会将前期的设计规划转化为实际运行的程序，更是检验设计合理性和可行性的关键环节。通过编写高质量的代码，能够确保软件的功能性、稳定性和效率，从而为用户提供良好的体验。

本节将深入探讨如何根据之前的设计规划和方法，将留言系统的各个功能逐一实现，并重点关注代码的质量、可读性和可维护性，确保每一行代码都为实现特定的功能而服务。

通过编写实际的代码示例，展示如何构建用户认证、留言处理、数据库交互等核心功能。这些示例将涵盖后端逻辑处理、数据库操作以及前端用户界面交互等多个方面，旨在为读者提供全面而深入的学习体验。

这个过程将强调代码测试和调试的重要性。通过编写测试用例、定位并解决潜在的问题，能够确保代码的正确性和稳定性，为后续的部署和维护工作奠定坚实的基础。

9.4.1　编写留言板页面

【例 9-3】留言页面。

编写 send.php，供用户提交留言，只有提交了留言才能进行后面的留言显示、留言管理等。

```
<?php
$name=$_POST["name"];
if($name!=""){
 $content=$_POST["content"];
 $addtime=date("Y-m-d H:i:s");
```

```
    $id=mysqli_connect("localhost","root","12345678");
    mysqli_select_db("gbook",$id);
    $query="insert into message(author,addtime,content,reply) values('$name',
'$addtime','$content','')";
    mysqli_query($query,$id);
    mysqli_close($id);
    echo "<script language=javascript>alert('留言成功！单击“确定”按钮查看留言。');
location.href='index.php';</script>";
    exit;
    }
    ?>
    <html>
    <head>
    <meta http-equiv="Content-Type" content="text/html; charset=utf-8" />
    <title>欢迎使用我的留言本</title>
    </head>
    <body>
    <table border=1 cellspacing=0 cellspadding=0 style="border-collapse:collapse"
align=center width=400 bordercolor=black>
    <tr><td height=100 bgcolor=#6C6C6C>
    <font style="font-size:30px" color=#ffffff face="黑体">简约不简单-我的原创留言本
</font>
    </td></tr>
    <tr><td height=25>
     <a href=send.php>[我要写留言]</a>  <a href=login.php>[管理留言]</a>
    </td></tr>
    <tr><td height=200>
     <form method="POST" action="send.php">
       <table border="1" width="95%" id="table1" cellspacing="0" cellpadding="0"
bordercolor="#808080" style="border-collapse: collapse" height="265">
            <tr>
                <td colspan="2" height="29">
                <p align="center">欢迎您填写留言</td>
            </tr>
            <tr>
                <td width="32%">
                <p align="right">您的名字</td>
                <td width="67%"><input type="text" name="name" size="20"></td>
            </tr>
            <tr>
                <td width="32%">
                <p align="right">留言内容</td>
                <td width="67%"><textarea rows="10" name="content" cols="31">
</textarea></td>
            </tr>
            <tr>
                <td width="99%" colspan="2">
                    <p align="center"><input type="submit" value="提交" name="B1"></p>

                </td>
            </tr>
        </table>
        </form>
        </td></tr>
```

```
<tr><td height=80 bgcolor=#6c6c6c align=center>
<font color=#FFFFFF>版权所有：我的工作室<br>E-mail:wenxiaosen@sina.com.cn
</td></tr>
</table>
</body>
</html>
```

程序运行结果如图 9-3 所示。

图 9-3（彩色）

图 9-3　运行结果

【例 9-3】中，程序从 POST 请求获取 name 字段值并存储于 name 变量。利用 mysqli_connect()函数连接至 MySQL 数据库，再用 mysqli_select_db()函数选定 gbook 数据库。接着构建插入语句，通过 mysqli_query()函数执行该语句，其中 reply 字段设为空字符串。操作完成后，使用 mysqli_close()函数关闭数据库连接。若留言成功，数据会插入数据库；若失败，则弹出 JavaScript 警告消息，并跳转至 index.php 页面。该页面创建了一个 POST 表单，提交至 send.php（即当前页面），供用户输入姓名和留言内容，页面底部设有版权信息与联系方式。

【例 9-4】留言主页。

编写 index.php，本页面将显示 10 条最近的留言，并有分页功能。

```
<html>
<head>
<meta http-equiv="Content-Type" content="text/html; charset=utf-8" />
<title>欢迎使用我的留言本</title>
<style type=text/css>
TD{
font-size:12px;
line-height:150%;
}
</style>
</head>
<body>
```

```
    <table border=1 cellspacing=0 cellspadding=0 style="border-collapse:collapse"
align=center width=400 bordercolor=black height="382">
   <tr><td height=100 bgcolor=#6C6C6C style="font-size:30px;line-height:30px" >
<font color=#ffffff face="黑体">简约不简单-我的留言本</font>
</td><tr>
<tr><td height=25>
 <a href=send.php>[我要写留言]</a>  <a href=login.php>[管理留言]</a>
</td></tr>
<tr><td height=200>
  <?php
   $id=mysqli_connect("localhost","root","12345678");
   mysqli_select_db("gbook",$id);
   $query="select * from message ";
   $result=mysqli_query($query,$id);
   if(mysqli_num_rows($result)<1){
   echo " 目前数据表中还没有任何留言! ";
   }else{
    $totalnum=mysqli_num_rows($result);
    $pagesize=10;
    $page=$_GET["page"];
    if($page==""){
      $page=1;
    }
    $begin=($page-1) * $pagesize;
    $totalpage=ceil($totalnum/$pagesize);
    echo "<table border=0 width=95%><tr><td>";
    $datanum=mysqli_num_rows($result);
    echo "共有留言".$totalnum."条。";
    echo "每页".$pagesize."条，共".$totalpage."页<br>";
        for($j=1;$j<=$totalpage;$j++){
     echo "<a href=index.php?page=".$j.">[".$j."] </a>";
    }
    echo "<br>";
    $query="SELECT * FROM message  order by addtime desc limit $begin,$pagesize";
    $result=mysqli_query($query,$id);
    for($i=1;$i<=$datanum;$i++){
     $info=mysqli_fetch_array($result,MYSQLI_ASSOC);
     echo "->[".$info['author']."]于".$info['addtime']."说: <br>";
     echo "  ".$info['content']."<br>";
      if($info['reply']!=""){
      echo "<b>管理员回复: </b>".$info['reply']."<br>";
      }
     echo "<hr>";
     }
    echo "</table>";
   } //else 结束
   mysql_close($id);
  ?>
</td></tr>
<tr><td height=60 bgcolor=#6c6c6c align=center>
<font color=#FFFFFF>版权所有: 我的工作室<br>E-mail:wenxiaosen@sina.com.cn
</td></tr>
</table>
```

171

```
</body>
</html>
```

程序运行结果如图 9-4 所示。

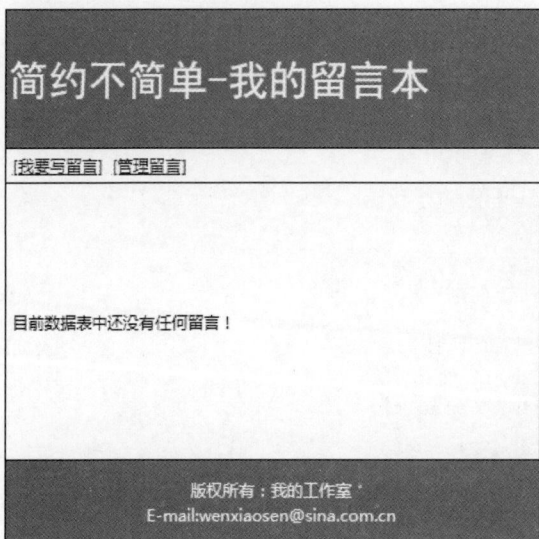

图 9-4（彩色）

图 9-4　运行结果

　　在【例 9-4】中，完成了留言系统的主页部分，用于显示数据库中的留言信息。其中包含一个内联 CSS 样式，用于设置表格单元格（TD）的字体大小和行高。在页面主体中使用了一个表格来布局整个页面，包括标题、导航链接、留言列表和页脚信息。使用 mysqli_connect() 函数连接到本地 mysqli 数据库，用户名为 root、密码为 12345678。使用 mysqli_select_db() 函数选择名为 gbook 的数据库。在查询留言处使用了初始查询语句$query="select * from message";从 message 表中检索所有留言。执行查询后将结果存储在 result 变量中。使用 mysqli_num_rows()函数检查查询结果中的行数，如果没有留言（行数小于 1），则显示一条消息，指出数据表中还没有任何留言。

　　在此程序中设置了分页逻辑，定义了每页显示的留言数量 pagesize 为 10 条。

　　从 GET 请求里获取当前页码 page，若未提供该参数，默认当前页码为第 1 页。接着计算留言的起始索引 begin，此索引用于分页查询。再算出总页数 totalpage。随后显示留言列表，具体输出留言总数、每页显示留言数量以及总页数。生成一个包含页码链接的列表，方便用户跳转至不同页面。同时，修改查询语句，添加 limit 子句以实现分页功能，然后重新执行查询操作。使用循环遍历查询结果，依次输出每条留言的作者、发布时间、内容以及管理员回复。最后，使用 mysqli_close()函数关闭与数据库的连接。

　　注意　　程序中没有包含任何错误处理逻辑，数据库连接失败或查询错误时应该给出相应的提示信息，建议读者自行添加。

【例 9-5】管理员登录页面。

编写 login.php，供管理员登录。

```php
<?php
$name=$_POST["name"];
if($name!=""){
$password=$_POST["password"];
$id=mysqli_connect("localhost","root","12345678");
mysqli_select_db("gbook",$id);
$query="select * from admin where username='$name'";
$result=mysqli_query($query,$id);
if(mysqli_num_rows($result)<1){
echo "该用户不存在！请重新登录！";
}else{
$info=mysqli_fetch_array($result,MYSQLI_ASSOC);
if($info['userpass']!=$password){
echo "密码输入错误！请重新登录！";
}else{
session_start();
$_SESSION["login"]="YES";
echo "<script language=javascript>alert('登录成功！');location.href='manage.php';</script>";
exit;
}
}
mysqli_close($id);
}
?>
<html>
<head>
<meta http-equiv="Content-Type" content="text/html; charset=utf-8" />
<title>欢迎来到我的留言本</title>
</head>
<body>
<table border=1 cellspacing=0 cellspadding=0 style="border-collapse:collapse" align=center width=400 bordercolor=black height="358">
<tr><td height=100 bgcolor=#6C6C6C>
<font style="font-size:30px" color=#ffffff face="黑体">简约不简单-我的留言本</font>
</td></tr>
<tr><td height=25>
 <a href=send.php>[我要写留言]</a>  <a href=login.php>[管理留言]</a>
</td></tr>
<tr><td height=178>
  <form method="POST" action="login.php">
    <table border="1" width="95%" id="table1" cellspacing="0" cellpadding="0" bordercolor="#808080" style="border-collapse: collapse" height="154">
        <tr>
            <td colspan="2" height="29">
            <p align="center">欢迎管理员登录</td>
        </tr>
        <tr>
            <td width="32%">
            <p align="right">用户名</td>
```

```
        <td width="67%"><input type="text" name="name" size="20"></td>
    </tr>
    <tr>
        <td width="32%">
        <p align="right">密  码</td>
        <td width="67%"><input type="password" name="password" size="20"></td>
    </tr>
    <tr>
        <td width="99%" colspan="2">
            <p align="center"><input type="submit" value="登录" name="B1"></p>
        </td>
    </tr>
    </table>
    </form>
    </td></tr>
<tr><td height=58 bgcolor=#6c6c6c align=center>
<font color=#FFFFFF>版权所有：我的工作室<br>E-mail:wenxiaosen@sina.com.cn
</td></tr>
</table>
</body>
</html>
```

程序运行结果如图 9-5 所示。

图 9-5（彩色）

图 9-5　运行结果

【例 9-5】主要进行了管理员登录页面的设计。

【例 9-6】留言管理页面。

编写 manage.php 和 reply.php，用来进行留言管理。

```
<meta http-equiv="Content-Type" content="text/html; charset=utf-8" />
<?php
session_start();
if($_SESSION["login"]!="YES"){
 echo "你还没有登录，无法管理留言！";
 exit;
}
$delid=$_GET["delid"];
if($delid!=""){
```

```php
$id=mysqli_connect("localhost","root","12345678");
mysqli_select_db("gbook",$id);
mysqli_query("delete from message where id=".$delid);
echo "<script language=javascript>alert('删除成功！');</script>";
mysqli_close($id);
}
?>
<html>
<head>
<meta http-equiv="Content-Type" content="text/html; charset=utf-8" />
<title>欢迎来到我的留言本</title>
<style type=text/css>
TD{
font-size:12px;
line-height:150%;
}
</style>
</head>
<body>
<table border=1 cellspacing=0 cellspadding=0 style="border-collapse:collapse"
align=center width=400 bordercolor=black height="382">
<tr><td height=100 bgcolor=#6C6C6C style="font-size:30px;line-height:30px" >
<font color=#ffffff face="黑体">简约不简单-我的留言本</font>
</td></tr>
<tr><td height=25>
  <a href=logout.php>[注销登录]</a>
</td></tr>
<tr><td height=200>
  <?php
   $id=mysqli_connect("localhost","root","12345678");
   mysqli_select_db("gbook",$id);
   $query="select * from message";
   $result=mysqli_query($query,$id);
   if(mysqli_num_rows($result)<1){
   echo " 目前数据表中还没有任何留言！";
   }else{
     $totalnum=mysqli_num_rows($result);
     $pagesize=10;
     $page=$_GET["page"];
     if($page==""){
       $page=1;
     }
     $begin=($page-1) * $pagesize;
     $totalpage=ceil($totalnum/$pagesize);

     echo "<table border=0 width=95%><tr><td>";
     $datanum=mysqli_num_rows($result);
     echo "共有留言".$totalnum."条。";
     echo "每页".$pagesize."条，共".$totalpage."页<br>";

     for($j=1;$j<=$totalpage;$j++){
      echo "<a href=manage.php?page=".$j.">[".$j."] </a>";
     }
```

```
        echo "<br>";
        $query="SELECT * FROM message  order by addtime desc limit $begin,$pagesize";
        $result=mysqli_query($query,$id);
        for($i=1;$i<=$datanum;$i++){
        $info=mysqli_fetch_array($result,MYSQLI_ASSOC);
        echo "->[".$info['author']."]于".$info['addtime']."说: <br>";
        echo "  ".$info['content']."<br>";
         if($info['reply']!=""){
        echo "<b>管理员回复: </b>".$info['reply']."<br>";
         }
        //增加了删除和回复功能
        echo "[<a href=manage.php?delid=".$info['id'].">删除此留言</a>]  
[<a href=reply.php?id=".$info['id'].">回复留言</a>]";
        echo "<hr>";
        }
        echo "</table>";
    }
    mysqli_close($id);
  ?>
</td></tr>
<tr><td height=60 bgcolor=#6c6c6c align=center>
<font color=#FFFFFF>版权所有: 我的工作室<br>E-mail:wenxiaosen@sina.com.cn
</td></tr>
</table>
</body>
</html>
```

程序运行结果如图 9-6 所示。

单击登录，成功后页面显示如图 9-7 所示。

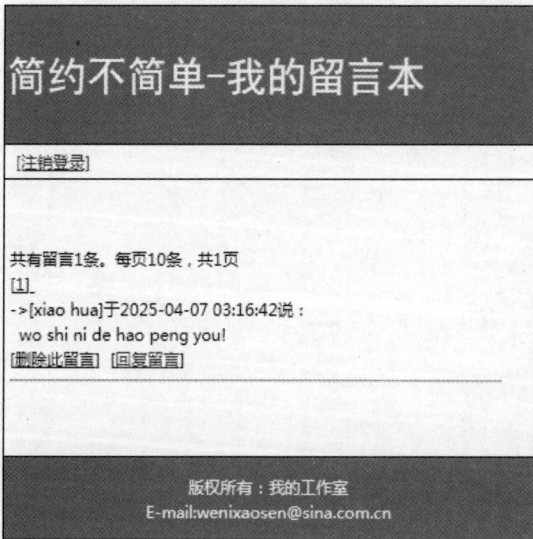

图 9-6　运行结果

图 9-6（彩色）

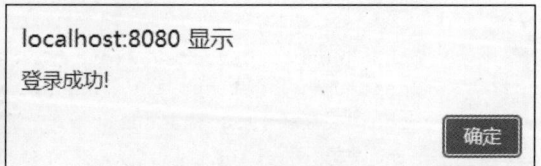

图 9-7　登录成功页面

【例 9-6】主要进行了管理员权限的设计，包含管理员管理留言等功能。

【例 9-7】注销登录页面。

编写 logout.php，用来注销登录。

```
<meta http-equiv="Content-Type" content="text/html; charset=utf-8" />
<?php
session_start();
$_SESSION["login"]="";
echo "已成功退出。[<a href=index.php>回首页</a>]";
exit;
?>
```

程序运行结果如图 9-8 所示。

已成功退出。[回首页]

图 9-8　运行结果

图 9-8（彩色）

【例 9-7】实现了管理员注销功能。当用户单击退出登录时，首先调用 session_start()函数，该函数用于启动一个新的会话或者继续现有的会话。在 PHP 里，会话由全局数组 $_SESSION 管理，会话启动时，PHP 会尝试从客户端获取会话 ID，若未找到则会生成新的会话 ID。之后清除会话中的登录信息，即$_SESSION["login"]=" "。通常在用户登录时，$_SESSION["login"]会存储用户相关信息（如用户名、用户 ID 等）以标识用户已登录，将其设置为空字符串或使用 unset()函数清除它是实现用户退出登录的常用做法。清除登录信息后，显示提示信息告知用户已成功退出，并提供一个可返回网站首页的链接。最后，使用 exit;语句终止脚本执行。

【例 9-8】回复留言页面。

编写 reply.php（管理员进行回复的页面）。

```
<meta http-equiv="Content-Type" content="text/html; charset=utf-8" />
<?php
session_start();
if($_SESSION["login"]!="YES"){
 echo "你还没有登录，无法管理留言！";
 exit;
}
$msgid=$_GET["id"];
$reply=$_POST["reply"];
if($reply!=""){
 $id=mysqli_connect("localhost","root","12345678");
 mysqli_select_db("gbook",$id);
 $query="update message set reply='$reply' where id=".$msgid;
 mysqli_query($query,$id);
 echo "<script language=javascript>alert('回复成功！');location.href='manage.php';
</script>";
 exit;
 mysqli_close($id);
}
```

```php
$id=mysqli_connect("localhost","root","12345678");
mysqli_select_db("gbook",$id);
$query="select * from  message where id=$msgid";
$result=mysqli_query($query,$id);
if(mysqli_num_rows($result)<1){
echo "没有此留言";
exit;
}
$msg=mysqli_fetch_array($result,MYSQLI_ASSOC);
?>
<html>
<head>
<meta http-equiv="Content-Type" content="text/html; charset=utf-8" />
<title>欢迎来到我的留言本</title>
</head>
<body>
<table border=1 cellspacing=0 cellspadding=0 style="border-collapse:collapse"
align=center width=400 bordercolor=black height="358">
<tr><td height=100 bgcolor=#6C6C6C>
<font style="font-size:30px" color=#ffffff face="黑体">简约不简单-我的留言本</font>
</td></tr>
<tr><td height=25>
  <a href="manage.php">[返回管理]</a>
</td></tr>
<tr><td height=178>
  <form method="POST" action="reply.php?id=<?php echo $msgid;?>">
    <table border="1" width="95%" id="table1" cellspacing="0" cellpadding="0"
bordercolor="#808080" style="border-collapse: collapse" height="154">
        <tr>
            <td colspan="2" height="29">
            <p align="center">管理员回复留言</td>
        </tr>
        <tr>
            <td width="32%">
            <p align="right">留言 ID</td>
            <td width="67%"><?php echo $msg['id'];?></td>
        </tr>
        <tr>
            <td width="32%">
            <p align="right">留言人</td>
            <td width="67%"><?php echo $msg['author'];?></td>
        </tr>
        <tr>
            <td width="32%">
            <p align="right">留言时间</td>
            <td width="67%"><?php echo $msg['addtime'];?></td>
        </tr>
        <tr>
            <td width="32%">
            <p align="right">留言内容</td>
            <td width="67%"><?php echo $msg['content'];?></td>
        </tr>
        <tr>
```

```
            <td width="32%">
            <p aliqn="right">请输入回复</td>
            <td width="67%"><textarea rows="7" name="reply" cols="33">
</textarea></td>
        </tr>
        <tr>
        <td width="99%" colspan="2">
            <p align="center"><input type="submit" value="确定" name="B1"></p>
        </td>
        </tr>
    </table>
    </form>
    </td></tr>
<tr><td height=58 bgcolor=#6c6c6c align=center>
<font color=#FFFFFF>版权所有：我的工作室<br>E-mail:wenxiaosen@sina.com.cn
</td></tr>
</table>
</body>
</html>
<?php mysqli_close(); ?>
```

程序运行结果如图 9-9 所示。

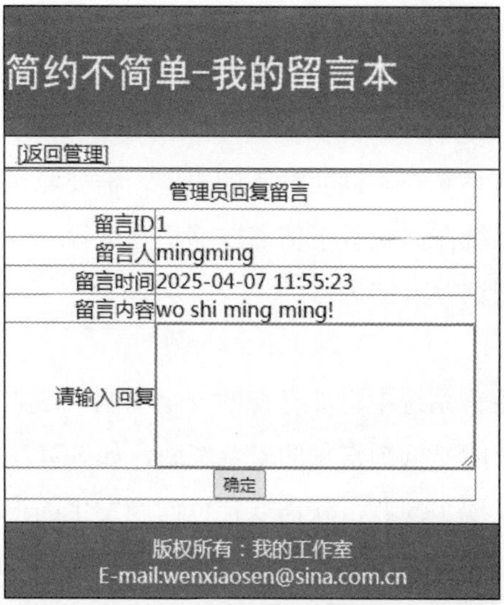

图 9-9　运行结果

【例 9-8】实现了管理员回复功能，先检查管理员是否已登录。如果已登录，允许管理员回复特定的留言、查询留言数据库、获取指定 ID 的留言信息、显示留言的详细信息，并提供一个表单供管理员输入回复内容，如果管理员填写了回复内容并提交表单，则更新留言的回复字段，并显示一个提示消息。

9.4.2　代码测试和调试

在软件开发的过程中，代码测试和调试是不可或缺的两个环节。它们确保了软件的质量、

179

稳定性和用户体验，是软件开发流程中至关重要的组成部分。

代码测试是对软件功能的一种检验和验证，它通过各种测试用例来检查代码是否按照预期工作。测试的目的在于发现代码中的错误、漏洞或不符合需求的地方，并为修复这些问题提供依据。有效的测试不仅能够提高软件的质量，还能在开发早期发现问题，从而节省后期的修复成本。

代码调试则是在发现错误后，通过一系列的手段和工具来定位问题并进行修复。调试器、日志记录、断点等是常见的调试工具和技术。通过调试，开发者可以逐步跟踪代码的执行流程，观察变量的值，从而找到导致错误的具体原因。

在开发完留言系统后，对其进行全面的测试和调试是至关重要的。这两个环节能够确保留言系统按照预期工作，发现并修复潜在的问题，从而提升系统的稳定性和用户体验。

本系统主要进行了功能、性能以及安全性测试。

（1）功能测试

功能测试是验证留言系统各个功能是否按照需求规格说明书正确实现的过程，需要编写测试用例，覆盖留言系统的所有功能点，包括用户注册、登录、浏览留言、发表留言和管理员删除留言等。通过自动化测试工具或手动执行测试用例，验证系统是否能够正确响应各种输入，并返回预期的结果。

（2）性能测试

性能测试用于评估留言系统在不同负载下的表现，需要测试系统的响应时间、吞吐量、并发用户数等指标，确保系统在高负载下依然能够稳定运行，并满足用户的需求。性能测试可以通过压力测试、负载测试等方法进行。

（3）安全性测试

安全性测试旨在发现留言系统中可能存在的安全漏洞，需要测试系统的身份认证、授权、数据加密等方面，确保系统能够抵御常见的安全威胁，如 SQL 注入、XSS 等。

代码调试过程中如果发现了问题，就需要定位问题发生的根源。调试过程中，可以使用调试工具来逐步执行代码，观察变量的值，找出潜在的错误。同时，还需要查看系统日志，了解系统运行时的状态和错误信息，以便更快地定位问题。

找到问题后需要进行问题修复与回归测试，修复问题后，还需要进行回归测试，确保修复该问题时没有引入新的错误，并且之前已经通过测试的功能依然正常工作。

测试和调试是确保留言系统质量和稳定性的重要环节。通过全面的测试，能够发现并修复潜在的问题，提升系统的性能和安全性。同时，良好的调试技能也有助于更快地定位问题，提高开发效率。因此，在开发留言系统时，务必重视测试和调试工作，确保系统能够为用户提供稳定、安全、高效的服务。

至此，留言程序编写完成。

本章小结

本章深入探讨了动态网站设计规划、设计方法、实现与测试，以及留言系统的设计与开发。这些是动态网站开发的核心内容，涵盖从规划到实现完整网站所需的知识和技能。

（1）动态网站设计规划。规划阶段是整个网站开发过程的基础，它涉及对用户需求的深入理解、原型设计、数据库设计等多个方面。通过有效的规划，可以确保网站能够满足用户的期望，同时具备良好的可扩展性和可维护性。

（2）动态网站的设计方法。这包括前端设计、后端设计以及数据库设计等方面。前端设计关注呈现给用户的界面和用户的交互体验，后端设计则负责处理业务逻辑和数据交互，而数据库设计则关注如何有效地存储和管理数据。通过综合运用这些方法，可以构建出功能强大、性能优良的动态网站。

（3）网站的实现与测试。实现阶段是将设计转化为实际网站的过程，而测试则是确保网站质量和稳定性的重要环节。通过编写测试用例、执行性能测试、执行安全性测试等，可以发现并修复潜在的问题，从而为用户提供稳定、安全的网站体验。

（4）留言系统的设计与开发。留言系统是动态网站中的一个典型应用，它涉及用户认证、留言展示、留言提交和管理员管理等功能。通过实际开发一个留言系统，不仅加深了读者对动态网站设计的理解，还提高了其实践能力和解决问题的能力。

综上所述，本章内容涵盖了动态网站设计的多个方面，从规划到实现再到测试，以及具体的留言系统设计与开发。通过学习和实践这些内容，读者可以为构建高质量、功能丰富的动态网站打下坚实的基础。

本章习题

一、选择题

1. 在动态网站设计中，以下哪项不是关键步骤？（　　　）

　　A．需求分析　　　　B．原型设计　　　　C．静态页面制作　　D．数据库设计

2. 动态网站设计中，以下哪项技术通常用于实现用户认证功能？（　　　）

　　A．HTML　　　　　B．CSS　　　　　　C．JavaScript　　　　D．PHP

3. 在测试动态网站时，以下哪项不是性能测试的指标？（　　　）

　　A．响应时间

　　B．并发用户数

　　C．用户界面美观程度

　　D．吞吐量

4. 在动态网站开发中，以下哪项技术用于构建数据库？（　　）

    A. Node.js   B. MySQL   C. React   D. Angular

5. 以下哪项不是动态网站设计过程中需要考虑的因素？（　　）

    A. 可扩展性   B. 安全性

    C. 代码可读性   D. 使用的编程语言的流行度

二、判断题

1. 动态网站设计规划是开发过程中必不可少的一步，它有助于明确项目目标和需求，提高开发效率。（　　）

2. 在动态网站设计中，前端开发主要负责网站的界面展示和用户交互。（　　）

3. 在动态网站开发中，数据库设计是一个相对独立的过程，不需要与开发团队的其他成员进行太多沟通。（　　）

三、简答题

1. 描述动态网站与静态网站的主要区别，并列举动态网站的一些常见功能。

2. 在设计动态网站时，需要考虑哪些关键的安全性问题？如何预防？

3. 简述在 PHP 中创建动态网页的基本步骤，并说明每个步骤的作用。

4. 如何在 PHP 中连接到 MySQL 数据库并执行查询操作？请提供一段简单的示例代码。

5. 假设你正在设计一个在线购物网站。请描述你将如何实现购物车功能，包括添加商品、删除商品和更新商品数量。

本章实训

一、实训目的

1. 加深对动态网站设计规划的理解，提高规划能力。

2. 掌握动态网站的设计方法，提升前端、后端和数据库设计能力。

3. 学会应用所学知识进行网站的实现与测试，提高实践能力和问题解决能力。

4. 通过留言系统设计与开发的实践，提升综合应用能力和创新能力。

二、实训要求

1. 设计规划实训：要求学生能够独立完成一个动态网站的设计规划，包括需求分析、原型设计、数据库设计等关键步骤，并能够清晰表达设计思路和目标。

2. 设计方法实训：学生能够根据设计规划，运用前端、后端和数据库设计的相关知识，实现网站的各项功能。

3. 网站实现与测试实训：学生需要应用所学知识，将设计转化为实际网站，并进行全面的测试，包括功能测试、性能测试和安全性测试等。

4. 客户关系管理开发实训：学生需设计和开发一个完整的客户关系管理系统，实现用户认证、客户信息展示、客户信息提交和管理员管理等核心功能。

三、实训步骤

1．设计规划阶段

（1）进行需求分析，明确网站的目标和用户群体。

（2）设计网站原型，包括页面布局、交互流程等。

（3）设计数据库结构，确定数据表与表之间的关系。

2．设计方法实施阶段

（1）根据原型设计，进行前端页面的开发。

（2）开发后端逻辑，实现业务处理和数据交互。

（3）设计并实现数据库访问层，确保数据的正确存储和检索。

3．网站实现与测试阶段

（1）将前端和后端代码整合，实现网站的整体功能。

（2）编写测试用例，对网站进行功能测试、性能测试和安全性测试。

（3）根据测试结果进行问题修复和优化。

4．客户关系管理系统开发阶段

（1）设计并实现用户认证功能，确保用户信息安全。session 和 token 都是为了实现客户端和服务器之间的安全通信和身份验证而使用的机制。

（2）实现客户信息展示和提交功能，确保用户能够顺畅交流。

（3）设计管理员管理功能，允许管理员对客户信息进行监管和维护。

四、实训注意事项

1．明确实训目标：在进行实训前，确保明确实训的目标和要求，做到有的放矢。

2．合理规划时间：实训过程中要合理规划时间，确保每个阶段的任务都能按时完成。

3．注意团队协作：如果实训是在团队中进行的，要注意团队协作和沟通，共同完成任务。

4．及时总结反馈：实训过程中要及时总结经验，对遇到的问题进行反馈和讨论，以便更好地进行后续实训。

5．注意安全与合规：在设计和实现网站时，要遵循相关法律法规和安全规范，确保网站的安全性和合规性。

[1] 郑阿奇. PHP 实用教程[M]. 4 版. 北京：电子工业出版社，2024.

[2] 牟奇春，汪剑. PHP 动态网站开发|项目教程[M]. 北京：人民邮电出版社，2019.

[3] 李英梅，刘新飞. PHP 程序设计[M]. 北京：清华大学出版社，2012.

[4] 潘凯华，刘欣，杨明，等. 学通 PHP 的 24 堂课[M]. 北京：清华大学出版社，2011.

[5] 陈军. PHP+MYSQL 经典案例剖析[M]. 北京：清华大学出版社，2008.

[6] 王珊，萨师煊. 数据库系统概论[M]. 5 版. 北京：高等教育出版社，2014.

[7] 聚慕课教育研发中心. PHP 从入门到项目实践（超值版）[M]. 北京：清华大学出版社，2019.

[8] 程文彬，李树强. PHP 程序设计（慕课版）[M]. 北京：人民邮电出版社，2020.

[9] 栾涛. PHP 安全之道：项目安全的架构、技术与实践[M]. 北京：人民邮电出版社，2019.

[10] 唐四薪. PHP 动态网站开发[M]. 北京：清华大学出版社，2015.

[11] 明日科技. MySQL 从入门到精通[M]. 3 版. 北京：清华大学出版社，2023.

[12] 陈运军，李洪建. PHP 程序设计[M]. 北京：人民邮电出版社，2021.

[13] 马石安，魏文平. PHP Web 程序设计与项目案例开发（微课版）[M]. 北京：清华大学出版社，2019.